塑钢纤维混凝土耐久性试验研究

张朝晖　著

黄河水利出版社

·郑州·

内 容 提 要

本书以辅特维塑钢纤维混凝土为研究对象,采用三元二次正交旋转组合设计,通过基本力学研究、耐久性试验研究,较为系统地探讨了辅特维纤维体积率、砂率和水灰比对塑钢纤维混凝土的耐磨性能、抗冻性能、抗渗性能和抗折强度的影响规律,得出了辅特维塑钢纤维混凝土各影响因素的最优组合设计,并进行了理论分析,为高性能混凝土的推广应用提供了技术支持。

本书对工程设计、施工具有较高的参考价值和指导意义,可供道桥市政、土木建筑和水利工程等专业从事混凝土结构设计、施工的工程技术人员借鉴,也可供大专院校师生和相关领域的研究人员参考。

图书在版编目(CIP)数据

塑钢纤维混凝土耐久性试验研究/张朝晖著. —郑州:黄河水利出版社,2017.8
ISBN 978 – 7 – 5509 – 1796 – 5

Ⅰ.①塑… Ⅱ.①张… Ⅲ.①塑钢 – 金属纤维 – 混凝土 – 耐用性 – 试验研究 Ⅳ.①TU528 – 33

中国版本图书馆 CIP 数据核字(2017)第 172897 号

组稿编辑:王路平 电话:0371-66022212 E-mail:hhslwlp@ 163. com

出 版 社:黄河水利出版社 网址:www.yrcp.com
地址:河南省郑州市顺河路黄委会综合楼 14 层 邮政编码:450003
发行单位:黄河水利出版社
发行部电话:0371 – 66026940、66020550、66028024、66022620(传真)
E-mail:hhslcbs@ 126. com
承印单位:河南新华印刷集团有限公司
开本:890 mm×1 240 mm 1/32
印张:3.25
字数:100 千字
版次:2017 年 8 月第 1 版 印次:2017 年 8 月第 1 次印刷

定价:16.00 元

前　言

随着交通运输业的快速发展和城市化进程步伐的加快,我国高速公路、农村公路和城市道路建设突飞猛进,呈现出持续快速发展的良好态势,与此同时,我国路面工程技术也得到了快速发展,许多学者致力于探索改善水泥混凝土路面性能的方法和途径,以提高其力学性能、耐磨性能、抗冻性能、抗渗性能,增加其韧性和抗疲劳性,减小胀缩性,提高水泥混凝土路面的使用品质,延长水泥混凝土路面的使用寿命。近年来出现了许多增强混凝土性能的新技术,在公路混凝土路面领域也不例外,如聚合物改性混凝土、连续配筋混凝土、合成纤维增强混凝土等,但许多改性技术由于工艺复杂或造价过高而难以推广,而合成纤维改性混凝土由于其优异的性能、简单的工艺、低廉的成本已日益成为改性混凝土技术的研究热点之一。

本书紧紧围绕辅特维塑钢纤维混凝土(以下简称 FRC)的力学性能和耐久性能,开展了较为系统的试验研究。全书共分六章,主要内容包括:在分析辅特维塑钢纤维各项性能指标和 FRC 制备原理的基础上,采用三元二次正交旋转组合法进行试验方案设计,采用绝对体积法进行 FRC 的配合比设计;通过 FRC 耐磨试验研究,得出纤维体积率、砂率和水灰比对 FRC 耐磨性能的影响规律,并得出 FRC 耐磨性能最优配合比;通过 FRC 抗冻性能试验研究,得出纤维体积率、砂率和水灰比对 FRC 抗冻性能的影响规律,并得出 FRC 抗冻性能最优配合比;通过 FRC 抗渗性能试验研究,得出纤维体积率、砂率和水灰比对 FRC 抗渗性能的影响规律,并得出 FRC 抗渗性能最优配合比;通过 FRC 抗折强度试验研究,得到 FRC 纤维体积率、砂率和水灰比对混凝土抗折强度的影响规律和抗折性能最优配合比;最后,通过对 FRC 的耐磨、抗冻、抗渗和抗折等性能试验结果比较分析,得出最优组合时三个影响因素各自最优取值范围,并进行了理论分析,为 FRC 在路面工程中推广应用提供了一定的技术参考。

　　本书在编写过程中得到了西北农林科技大学水利与建筑工程学院娄宗科教授的大力支持和帮助,中国长江三峡集团公司三峡枢纽建设运行管理局张文郁同志参与了本书研究内容的试验和数据整理工作。另外,本书在编写过程中还引用了大量的文献资料。在此,谨向为本书完成提供支持和帮助的单位及所有试验人员表示衷心的感谢!

　　由于作者水平有限,书中尚有许多不妥之处,敬请各位读者朋友批评指正。

作　者

2017 年 3 月于杨凌

目　录

第 1 章　绪　论

1.1　引　言

1.1.1　塑钢纤维的基本概念

塑钢纤维就是聚丙烯粗纤维(Macro Polypropylene Fiber, Large-Diameter Polypropylene Fiber),也叫仿钢纤维,是 20 世纪 90 年代后期,为了减少混凝土裂缝,大幅度提高混凝土的延展性、韧性与抗冲击性,国外开发了以聚丙烯和聚乙烯为主要原料的、直径在 0.1 mm 以上、长度 40 mm 以上的粗纤维。当此种粗纤维在混凝土中的体积率较高时,可起到与钢纤维类似的作用,故称为塑钢纤维。

塑钢纤维经特殊的生产工艺精制而成,是填补钢纤维、聚丙烯纤维之间的空白产品,其性能介于两者之间,是一种新型的增强增韧材料。其表面粗糙、凹凸不平,外形轮廓分明,具有良好的分散性及与水泥基体的黏结力,既保持了传统混凝土纤维的黏结性、高温稳定性、抗疲劳耐久性、低温防裂性,又大大改善了纤维在混凝土中的和易性及分散性,能更均匀地承载整个混凝土结构的主要荷载。

塑钢纤维既有钢纤维的功能,又有合成纤维的优点,具有强度高、耐腐蚀、耐高温、化学稳定性强、与混凝土握裹力强、抗老化、抗风蚀、耐酸碱、抗磁防锈、易施工、对设备无损害等优点。当这种纤维的掺量较高时,对混凝土早期抗裂效果较显著,可以代替在混凝土面板结构中的焊接金属网格和钢纤维,增加混凝土的韧性、抗磨、抗冻、抗渗及抵抗温度应力等耐久能力。

塑钢纤维主要物理力学性能指标见表 1-1。

表 1-1 塑钢纤维主要物理力学性能指标

性能指标	具体参数	性能指标	具体参数
纤维材料	100% 聚丙烯	密度	$0.91 \ g/cm^3$
纤维形状	竹节形、波浪形	熔点	1 700 ℃
抗拉强度	450 ~ 750 MPa	长度	25 mm、30 mm、55 mm
极限延伸率	8% ~ 10%	颜色	白、黑
标准用量	2 ~ 20 kg/m³	一般用量	$2.5 \ kg/m^3$

塑钢纤维主要用于公路路面、桥面、机场道面、停机坪、码头堆场铺面、工业建筑地坪、仓库地面的混凝土面层结构工程及隧道衬砌工程等,用于提高这些面板结构的抗裂性、弯拉强度、弯曲韧性、耐冲击和耐久性能等。

塑钢纤维在国外已经成功应用于大量工程中,目前在工程中使用较多的塑钢纤维有美国的辅特维(FORTAFERRO)和 Fibermesh 公司的 HHP 152 纤维、日本产的 Barchip 系列粗纤维、Grace 公司的 Strux90/40 与 Propex Concrete System 的 ENDURO R600 纤维等。

国内塑钢纤维产品主要有北京中纺纤建科技有限公司的凯泰有机仿钢丝纤维与宁波大成新材料股份有限公司的增韧纤维。

在我国目前扩大内需,加强基础建设的大环境下,粗合成纤维无疑具有良好的应用前景。

1.1.2 塑钢纤维在混凝土中的作用

混凝土中存在的上述缺陷是由其自身条件所决定的,是本质的,只能通过复合化的途径来改善这一缺陷。吴中伟教授生前曾多次指出,"复合化是水泥基材料高性能化的主要途径,纤维增强是其核心。"纤维混凝土是在普通混凝土改性过程中应运而生的,是继钢筋混凝土、预应力混凝土之后的混凝土发展道路上的第三次重大突破(黄承逵,2004)。

塑钢纤维混凝土是以混凝土为基材,以合成纤维为增强材料组成的复合材料。塑钢纤维主要通过物理作用改善混凝土的内部结构,并不改变混凝土中各种材料本身的化学性能,因而不会破坏混凝土的耐久性。常用的塑钢纤维的抗拉强度、弹性模量和极限延伸率都远大于素性混凝土,将塑钢纤维掺入混凝土中可有效克服普通混凝土自身的弱点,从而限制水泥基体中微裂缝的扩展,提高混凝土的耐久性能,延长其使用寿命,扩大其应用领域。常用的塑钢纤维与水泥基体的物理力学性能对比见表1-2,将塑钢纤维加入到混凝土基体中,主要有以下四个方面的作用。

表1-2 几种主要塑钢纤维和水泥基体的物理力学性能

纤维名称	密度 （kg/m³）	抗拉强度 （MPa）	弹性模量 （×10⁴MPa）	极限延伸率 （%）
超长复合纤维(辅特维)	0.91	620～758	1.8～2.1	10
聚丙烯单丝	0.91	400～650	0.5～0.7	18
聚丙烯膜裂纤维	0.91	400～650	0.8～1.0	8.0
改性聚丙烯腈纤维	1.18	830～940	1.6～1.9	9.1～11.0
改性聚乙烯醇纤维	1.30	1 000～1 200	2.8～3.2	3.5～4.5
水泥净浆	2.00～2.20	3～6	1.0～2.5	0.01～0.05
水泥砂浆	2.20～2.30	2～4	2.5～3.5	0.005～0.015
水泥混凝土	2.30～2.40	1～4	3.0～4.0	0.01～0.02

1.1.2.1 阻裂作用

纤维的阻裂作用是指对混凝土早期塑性开裂的抑制作用,也是纤维在混凝土中最主要的作用。混凝土的内部缺陷是混凝土各项性能降低及破坏的主要原因,纤维的加入能有效阻止混凝土基体中原有缺陷,即微裂缝的扩展,并有效延缓新裂纹的出现。纤维在混凝土中呈三维乱向均质分布,在混凝土内部结构中起到一个较好的承托作用,特别是在防止混凝土产生早期离析沉降裂缝、温差引起的裂缝、泌水裂缝、收缩裂缝等方面效果尤为明显,实际上纤维的阻裂效应不仅表现在混凝土基体中的微裂缝上,而且可以有效阻止可见塑性裂缝的产生,使混凝土结构具有更好的整体性。

1.1.2.2　增强作用

混凝土抗拉强度低(一般为抗压强度的 1/10 ~ 1/15),而且由于其原材料、施工、养护等方面的原因,内部不可避免地存在很多缺陷。在外部荷载作用下,这些缺陷周围极易形成应力缺陷,造成混凝土内部应力分布不均匀,诱导混凝土发生破坏,严重时甚至导致高强混凝土结构构件发生低应力脆断事故。研究表明,在混凝土中加入纤维,均匀分布在混凝土中的纤维在混凝土的硬化过程中可有效改善混凝土的内部结构,减小混凝土的内部缺陷,提高混凝土材料的连续性和整体性,从而使混凝土的抗拉性能得以改善。

1.1.2.3　增韧作用

混凝土凝固之后,在混凝土中乱向分布的纤维网状系统,有限地限制了裂缝的进一步扩展,增强了混凝土的韧性。即使在混凝土开裂之后,纤维还可以横跨裂缝承受一定的拉应力,阻止裂缝的扩展,提高混凝土的抗裂性能和极限伸长率,使混凝土具有一定的韧性和抗变形能力,同时具有一定的延展性及抗震耗能能力。在受载过程中,纤维还可以吸收大量的能量,减小混凝土内部应力集中,阻碍裂缝的迅速扩展,从而增强混凝土的抗冲击能力。

1.1.2.4　改善耐久性作用

文献(沈荣熹,2004;钟世云,2003;徐至钧,2003)研究表明,混凝土中加入纤维,不仅能够提高混凝土的抗拉强度、抗折强度、抗剪强度和抗疲劳强度,还可以增强混凝土的耐磨性、抗冻融性、抗渗性、抗侵蚀性和抗冲击性等耐久性能,提高结构的使用寿命。另外,还可以有效改善水泥构造物的表观形态,使其更加致密、细润、平整、美观。

纤维在混凝土中上述作用的发挥还与纤维品种、性能(纤维长度、长径比)、纤维体积率、纤维与混凝土界面间的黏结状况以及基体混凝土的类别和强度等级等因素密切相关,并不是所有的纤维都能同时起到以上四种作用。除此之外,还应在纤维混凝土的配制和拌和过程中采取相应的措施,使纤维能够在基体中均匀分散,使纤维在混凝土中的作用得到更好的发挥。

1.1.3 塑钢纤维对混凝土的增强效果与影响因素

塑钢纤维混凝土是在普通混凝土中掺入适量塑钢纤维而成的一种新型复合材料,塑钢纤维混凝土中乱向分布的塑钢纤维主要作用是阻碍混凝土内部微裂缝的扩展和阻滞宏观裂缝的产生、发展,使塑钢纤维混凝土能保持宏观上的有机整体,共同受力。因此,塑钢纤维混凝土的抗拉强度和主要由主拉应力控制的抗弯、抗剪、黏结、抗扭等强度有显著提高,而抗压强度的提高相对小一些。

根据纤维增强机制的各种理论,诸如纤维间距理论、复合材料理论和微观断裂力学理论以及大量试验数据的分析,许多研究者根据试验数据回归得出实用的半经验半理论公式。纤维的增强效果主要取决于基体强度(f_m)、纤维的长径比(l_f/d_f)、纤维的体积率(ρ_f)、纤维与基体间的黏结强度(τ)以及纤维在基体中的分布和取向(η),即塑钢纤维混凝土的强度 f_f 的表达式为:

$$f_f = F(f_m, (l_f/d_f) \cdot \rho_f \cdot \tau \cdot \eta) \tag{1-1}$$

各影响因素介绍如下所述。

纤维的长径比(l_f/d_f):纤维的实际长径比大于临界长径比、纤维混凝土破坏时,纤维会被拉断,而不是被拔出。但纤维太长易于成团,会影响拌和物的和易性和施工质量,导致强度降低,所以塑钢纤维长度一般为 20 ~ 40 mm(辅特维塑钢纤维长度为 54 mm),最长不超过 60 mm,长径比一般在 40 ~ 120。

纤维的体积率(ρ_f):纤维的体积率表示单位体积的纤维在增强水泥基复合材料中纤维所占有的体积百分数,用各种纤维制成的纤维增强混凝土均有一临界纤维体积率,当纤维的实际体积率大于临界体积率时,复合材料的抗拉强度才得以提高。

纤维与基体间的黏结强度(τ):纤维与基体间的黏结强度主要取决于纤维的外形和表面状况,横截面为矩形或异形的纤维与水泥基体的黏结强度大于横截面为圆形的纤维;横截面沿长度变化的纤维,与水泥基体的黏结强度大于横截面恒定不变的纤维;纤维表面粗糙度愈大,则愈有利于与水泥基体的黏结。

纤维在基体中的分布和取向（η）：纤维在纤维增强混凝土中的取向对纤维的利用效率有很大影响，当所有纤维均能沿着应力方向排列，即一维定向或二维定向排列时，纤维的利用率最大，其分布取向影响因子为 1.00；当其呈二维乱向分布时，分布取向影响因子为 0.38 ~ 0.76；当其呈三维乱向分布时，分布取向影响因子仅为 0.17 ~ 0.20。

1.2　研究背景

混凝土是当今人类社会应用范围最广、用量最大的建筑材料。自1824 年水泥问世后，混凝土结构因为具有承重、耐久、耐火、成型方便、经济适用等特点，广泛应用于交通、水利、建筑、国防等大型基础设施之中，取得了良好的社会及经济效益。混凝土虽然具有很高的抗压强度，但却存在抗裂性差、抗拉强度低及脆性大等缺点，其受拉的极限延伸率只有 0.01% ~ 0.06%，抗拉强度仅是抗压强度的 1/10 ~ 1/7，在较小的拉伸变形时就容易产生开裂，而且随着其抗压强度的大幅度提高，混凝土的收缩与脆性等问题也更为突出。在结构设计时因裂缝宽度的限制，混凝土高强建筑材料的优越性得不到充分应用，所以混凝土性能的提高显得极其迫切和重要。混凝土的以上缺点是固有的、本质性的，不可能通过自身材质的改良来解决，只有通过复合化的技术措施研发一系列的混凝土复合材料，如钢筋混凝土、预应力混凝土、自应力混凝土及纤维增强混凝土等（葛瑞斌，2001）。

现代混凝土不但要具有抗高压和抗高拉的性能，还要能长期保持高强度、高韧性、高抗冻、高抗渗以及容易施工等特性，这便促使了高性能混凝土的研发，纤维混凝土就是在对普通混凝土改性过程中出现的。纤维增强混凝土（简称纤维混凝土），通常是以水泥混凝土为基体，均匀掺入各种连续的长纤维或者非连续的短纤维作为增强材料而形成的一种新型水泥基复合建筑材料。极限延伸率大、抗拉强度高、抗碱性好的纤维掺入混凝土基体后，大量且均匀地分散在混凝土中，通过其物理力学作用来改善混凝土的内部结构，有效地控制了外荷载作用下水泥基体中裂缝的扩展,使混凝土在各个方向得到增强,并对基体产生了增韧、增强和阻裂的效应,使混凝土脆性易裂的破坏形态得到了改变,混凝土的韧性得到了大幅度提高,并延长了混凝土在荷载、冻融和疲劳等因素作用下的使用寿命,从而克服了普通混凝土抗拉强度低、脆性大、自重大、耐久性差等缺点。与普通混凝土比较,纤维混凝土的各项物理、力学性能(抗压、抗拉及抗弯强度、弹性模量)及耐久性能(耐磨、耐冲击、耐疲劳、韧性、抗裂、抗爆性能)都得到了不同程度的提高(李世恩,1997)。

目前在实际工程中已使用的纤维混凝土的品种主要有钢纤维混凝土、塑钢纤维混凝土(合成纤维混凝土)、混合纤维混凝土和组合纤维混凝土。

钢纤维混凝土是将不连续的、短的钢纤维乱向均匀分布在水泥混凝土中形成的性能优良的水泥基复合材料。国内外试验结果和理论研究表明:钢纤维混凝土与普通混凝土相比,钢纤维混凝土的力学性能显著提高,其抗弯强度是普通混凝土抗弯强度的 2.5~3.5 倍,其抗拉强度可提高 2 倍左右,抗冲击强度可达普通混凝土的 5 倍以上,甚至达到 20 倍之多。其延展性一般提高 4 倍左右,而韧性提高最明显,甚至可达 100 倍左右。此外,钢纤维混凝土的其他物理力学性能(抗剪、抗折)及耐久性能(抗裂、抗冻、耐磨、耐热、抗疲劳等)都较普通混凝土有所改善(吴中伟,1999;黄承逵,2004)。我国曾出版了《钢纤维混凝土结构设计与施工规程》(CECS 38:92)和《钢纤维混凝土试验方法 CECS 13:89》(CECS:1389)。钢纤维混凝土的优越性能及其在交通工程(高等级路面、机场道面、桥梁桥面铺装和隧道衬砌等工程)、建筑工程(抗震结构的框架节点、预制桩及屋面防水工程等部位)、水利水电工程(输水隧洞、船闸和渡槽等工程)中成功的应用表明:钢纤维混凝土可以解决钢筋混凝土难以解决的裂缝、耐久性等问题,它是当前工程中技术最成熟、商业化程度最高、应用最广泛的纤维增强混凝土。

文献(邓宗才,2000;沈荣熹,2004)中表明钢纤维混凝土具有以下缺点:

(1)钢纤维生产成本较高,施工中用量大,造成钢纤维混凝土初始造价较高。

（2）钢纤维混凝土路面磨损后，钢纤维对车辆轮胎损伤较大。

（3）钢纤维混凝土在制备时不易搅拌，因材料比重差异，容易结团，钢纤维混凝土在施工时不宜用管道输送。

（4）钢纤维混凝土不耐锈蚀，且钢纤维与混凝土之间的黏结力较差，对其强度和耐久性有影响。

（5）钢纤维混凝土热传导系数大，不适用于有隔热要求的混凝土结构。

本书研究的对象是一种完全替代钢纤维混凝土的超长型塑钢纤维混凝土，其超长型复合纤维是美国公司的专利产品，其中文名为辅特维，英文名为 FORTAFERRO。该超长型复合纤维是一种成绺单丝纤化合成纤维和一种纤化网状纤维组合成的纯合成聚合物（聚丙烯）双纤维组合系统，具有价格低、用量少、不腐蚀、完全抗酸碱、不老化、分散性好、易于搅拌的特点，可用于减少混凝土龟裂及混凝土收缩，增强混凝土各项力学性能指标，改善混凝土的耐磨性能和抗渗性能。此种纤维混凝土便于管道运输，可以喷射，已开始应用于水工结构工程中的大型水场储水池工程、交通工程中的机场道面、桥梁桥面铺装和隧道衬砌工程、建筑工程中的屋顶、地下室及人防工程之中。辅特维塑钢纤维的力学性能指标和经济指标都明显优于传统钢纤维，可以完全替代传统的钢纤维。

目前，国内外对塑钢纤维混凝土的性能进行了大量的研究，但较多地集中在塑钢纤维混凝土断裂机制、断裂性能和断裂模型上。本书主要是在钢纤维混凝土研究的理论基础之上，从辅特维塑钢纤维混凝土的配合比出发，建立配合比与辅特维塑钢纤维混凝土耐久性能和力学性能的数学模型，研究了辅特维塑钢纤维体积率、砂率和水灰比对塑钢纤维混凝土的耐磨性能、抗冻性能、抗渗性能和抗折性能的影响规律，为辅特维塑钢纤维混凝土在工程实践，特别是现代道路、水泥混凝土工程中的应用提供一定的科学依据。

1.3　塑钢纤维混凝土国内外研究现状

1.3.1　国外塑钢纤维混凝土研究现状

纤维增强无机脆性材料的历史可追溯到 1 000 年前。例如,古埃及人用掺有稻草的黏土制作日光下自然干燥的砖块,古罗马人将剪短的马鬃掺于石膏或石灰火山灰水泥中。先人们通过实际探索发现,纤维加入无机胶结料中有助于降低其脆性并减少开裂。

20 世纪初,奥地利人 Hatschek 用石棉水泥悬浮液在经改装的圆网造纸机上制成高强薄壁的石棉水泥板、瓦。他的这项发明带有一定的偶然性,主要得益于石棉纤维对水泥的高吸附性。1912 年,意大利人 Mazza 将圆网制板机适当改装,制成各种不同直径的石棉水泥管。在 20 世纪 30 年代,全世界已有 30 多个国家生产与使用石棉水泥制品,此后推广到更多的国家。

1911 ~ 1933 年,在英、美、法等国均有人申请了在混凝土中均匀掺加短铁丝、细木片等,使混凝土改性的专利,但当时并未在实际工程中得到应用。

1963 年,美国人 Romualdi 首次发表了纤维阻裂机制研究成果,促进了钢纤维增强混凝土的开发。

20 世纪 60 年代中期,美国人 Goldfein 进行了用尼龙、聚丙烯与聚乙烯等合成纤维增强水泥砂浆的探索性研究,发现掺加这类纤维有助于水泥砂浆抗冲击强度的提高,为此后的这项研究奠定了基础。

1967 年,英国建筑研究院的 Majumdar 等研制成含有 ZrO_2 的抗碱玻璃纤维。20 世纪 70 年代初,英国正式生产此种纤维并用以制作玻璃纤维增强水泥混合材料制品(以下简称 GRC)。此后,美、日、德等国也相继进行了 GRC 制品的批量生产。

20 世纪 70 年代,随着发达国家熔钢抽丝法的应用,不同样式的廉价的钢纤维得以大量生产,钢纤维混凝土在工程中进入大量实际应用阶段,从此,钢纤维混凝土在土木工程建设中的各个领域得到了广泛的使用。

　　鉴于石棉中所含有的微细纤维对人体有害,从 20 世纪 80 年代初起,若干发达国家相继限制或停止石棉水泥制品的生产与使用,从而推动了无石棉纤维增强水泥制品的研制与开发。无石棉纤维增强水泥的主要品种除了 GRC,还有木浆纤维增强水泥、木浆纤维增强硅酸钙水泥以及聚乙烯醇纤维增强水泥等品种。

　　另外,美国大力开发合成纤维增强混凝土,主要使用聚丙烯、尼龙等纤维,发现掺入少量(体积率为 0.05% ~ 0.2%)的此种纤维即可显著减少混凝土的塑性收缩裂缝,因而有助于提高其耐久性。德国与日本则分别开发聚丙烯腈纤维增强混凝土与聚乙烯醇纤维增强混凝土。

　　同一时期,不少发展中国家热衷于用本国盛产的天然植物纤维作为水泥砂浆或混凝土的增强体,以制作低造价的建材制品。近年来,一些西方国家的有关科研单位也参与了这方面的研究,试图重点解决此类复合材料的耐久性问题。

　　20 世纪 90 年代起,纤维增强水泥基复合材料在国际上有了更大的发展,其重要标志是混合及组合纤维增强水泥基复合材料与高性能纤维增强水泥基复合材料的研制与开发。用混合纤维可制得兼具高强度、高延展性与高韧性的纤维增强水泥基复合材料。通过增大纤维体积率、调整水泥基体的组成并改变制作工艺等,可制得高性能纤维增强水泥基复合材料,不仅大幅度提高了材料的强度、韧性与延展性,而且改进了其他各项性能,从而有可能用于制作高抗爆、高抗震的轻质构件。

　　塑钢纤维在国外已经成功应用于大量工程中,目前在工程中使用较多的塑钢纤维有美国辅特维(FORTAFERRO)和 Fibermesh 公司的 HHP 152 纤维、日本产 Barchip 系列粗纤维、Grace 公司的 Strux90/40 与 Propex Concrete System 的 ENDURO R600 纤维等。2008 年,英国混凝土协会编写了《粗合成纤维增强混凝土使用指南》(Guidance on the Use of Macro-Synthetic-Fibre-Reinforced Concrete),这将有利于规范塑钢纤维的使用,从而促进其更广泛的应用。

　　预计今后随着新型纤维的问世、水泥基本组成的改进、纤维－水泥基体界面黏结的增进以及先进制作工艺的采用,必然会将纤维增强混凝土的发展推向更崭新的阶段。

1.3.2　国内塑钢纤维混凝土研究现状

我国古代早就用掺有麻丝的石灰黏土作为砖墙的抹灰料,已有上千年的历史。直到 20 世纪 70 年代中期,中国建筑材料科学研究院与空军工程设计局等才在国内率先开展了钢纤维增强混凝土的研究,此后有更多的科研单位与高等院校进行了该复合材料的试验研究。20世纪 80 年代起,钢纤维增强混凝土已在道路、桥梁、隧道与屋面防水工程中获得广泛的应用,并开发了多种异形的钢纤维。在上述基础上,1989 年哈尔滨建筑工程学院与大连理工大学等单位共同编制了《钢纤维混凝土试验方法 CECS 13:89》(CECS:1389),中国工程建设标准化协会发布,1992 年大连理工大学与哈尔滨建筑工程学院等单位又编制了《钢纤维混凝土结构设计与施工规程》(CECS 38:92),1999 年建设部与国家冶金工业局分别发布了行业标准《钢纤维混凝土》(JG/T 3064—1999)和《混凝土用钢纤维》(YB/T 151—1999),2004 年交通部又发布了行业标准《公路水泥混凝土纤维材料 钢纤维》(JT/T 524—2004)。这些标准的实施大大推进了钢纤维混凝土在我国各项工程中的使用。20 世纪 90 年代后期,在若干土建工程中使用了由国外进口的聚丙烯纤维,促进了合成纤维在混凝土工程中的应用。近年来,我国已自主研发成功几种可用于混凝土的合成纤维,为此大连理工大学等21 个单位重新编制了包括钢纤维混凝土与合成纤维混凝土的《纤维混凝土结构技术规程(附条文说明)》(CECS 38—2004),中国工程建设标准化协会发布,并由交通部发布了行业标准《公路水泥混凝土纤维材料 聚丙烯纤维与聚丙烯腈纤维》(JT/T 525—2004)。

20 世纪 80 年代以来,有关科研单位与高等院校积极参与国际上开展的纤维增强水泥与纤维增强混凝土的学术交流活动,积极借鉴国外经验,促进了我国此类复合材料的发展。同时,在国内有关学术团体与工业协会的带动下,不断开展一系列的纤维增强水泥与纤维增强混凝土的技术交流和学术活动。例如,中国硅酸盐协会混凝土与水泥制品专业委员会纤维水泥制品学组(现为混凝土与水泥制品分会纤维水泥制品专业委员会)曾会同中国建材工业协会石棉水泥制品分会多次召开过石棉水泥制品与少石棉水泥制品的技术交流会。大连工学院、哈尔滨建筑工程学院与武汉工业大学分别于1986年、1988年、1990年主持召开了全国纤维水泥与纤维混凝土学术会议。1991年,中国土木工程学会纤维混凝土委员会成立,该委员会自1992年起每两年召开一次全国纤维水泥与纤维混凝土学术会议。1997年,肇庆科技培训学校在广州主持了纤维增强混凝土国际会议(International Conference on Reinforced Concrete),中外与会代表共有90余篇论文在会上进行了交流。中国建材工业协会玻璃纤维增强水泥(GRC)分会自1985年起,每1~2年召开一次全体会员大会进行技术交流,同时邀请一些国外专家出席会议。

20世纪90年代后期,随着国外塑钢纤维的研发、推广和在工程中的使用,我国北京中纺纤建科技有限公司生产的凯泰(CTA)有机仿钢丝纤维与宁波大成新材料股份有限公司生产的(DC)塑钢纤维产品相继在交通工程中得到推广使用。

塑钢纤维被接受并不断在工程中应用的最大瓶颈就是缺乏设计指导与可行的参考方案。《水泥混凝土和砂浆用合成纤维》(GB/T 21120—2007)对增制粗合成纤维(塑钢纤维)的力学性能及在混凝土中使用时的性质做出了明确的规定。这些将有利于规范塑钢纤维的使用,从而促进其更广泛的应用。

目前,我国有十余所高等院校与科研单位正在继续深入研究和积极开发多种新型纤维增强水泥与纤维增强混凝土。纤维增强水泥基复合材料在各项工程中得到了日益广泛的应用,对改善工程质量并提高其长期耐久性发挥了很好的作用。我国的纤维增强混凝土行业已逐渐走上规范化和标准化的健康发展道路。在我国目前扩大内需,加强基础建设的大环境下,塑钢纤维(粗合成纤维)无疑将具有良好的应用前景。

1.4　研究目的及意义

本书的研究目的为通过对辅特维塑钢纤维混凝土耐久性能和抗折性能的研究,得出辅特维纤维体积率、砂率和水灰比对塑钢纤维混凝土的耐磨性能、抗冻性能、抗渗性能等耐久性能和抗折性能的影响规律,同时也得出辅特维塑钢纤维混凝土各影响因素的最优组合设计,为辅特维塑钢纤维混凝土在现代道路、水泥混凝土工程中的应用提供一定的科学依据,也为推广、应用适合路面的新型道路水泥混凝土技术,提高我国水泥混凝土路面的质量,延长水泥混凝土路面的使用寿命,提高工程的经济效益和社会效益提供一定的借鉴。

1.5　本书研究的主要内容

本书是在前人对塑钢纤维混凝土断裂性能和部分力学性能研究的基础上进行的,从辅特维塑钢纤维混凝土的配合比出发,研究了辅特维塑钢纤维体积率、砂率和水灰比对塑钢纤维混凝土的耐磨性能、抗冻性能、抗渗性能和抗折性能的影响规律,为辅特维塑钢纤维混凝土在现代道路、水泥混凝土工程中的应用提供一定的科学依据。主要内容包括以下几方面:

(1)通过辅特维塑钢纤维混凝土配合比与其耐磨性能关系试验研究,得到辅特维塑钢纤维混凝土中的纤维体积率、砂率和水灰比对混凝土耐磨性能的影响规律,并得出辅特维塑钢纤维混凝土耐磨性能的最优配合比。

(2)通过辅特维塑钢纤维混凝土配合比与抗冻性能关系试验研究,得到辅特维塑钢纤维混凝土中的纤维体积率、砂率和水灰比对混凝土抗冻性能的影响规律,并得出辅特维塑钢纤维混凝土抗冻性能的最优配合比。

(3)通过辅特维塑钢纤维混凝土配合比与抗渗性能关系试验研究,得到辅特维塑钢纤维混凝土中的纤维体积率、砂率和水灰比对混凝土抗渗性能的影响规律,并得出辅特维塑钢纤维混凝土抗渗性能的最优配合比。

(4)通过辅特维塑钢纤维混凝土配合比与其抗折强度关系试验研究,得到辅特维塑钢纤维混凝土中的纤维体积率、砂率和水灰比对混凝土抗折强度的影响规律,并得出辅特维塑钢纤维混凝土抗折性能的最优配合比。

(5)通过对辅特维塑钢纤维混凝土的耐磨、抗冻、抗渗和抗折性能试验研究分析,可以得出三个影响因素对塑钢纤维混凝土的影响程度顺序,并得到最优组合时三个影响因素的各自取值范围。

第2章 塑钢纤维混凝土耐磨性能试验研究

混凝土的耐磨性是反映混凝土耐久性的重要指标之一,无论是在公路工程中还是在水利工程中,受磨损、磨耗最多的表层混凝土(如受车辆轮胎磨损的道路路面混凝土及受挟沙高速水流冲刷的混凝土等),都要求有较高的耐磨性能。塑钢纤维混凝土路面作为承受磨损的动载结构,其耐磨性不但是保证路面抗滑性能的前提条件,又是影响其安全性和耐久性的重要指标。本章通过深入的试验研究找到辅特维塑钢纤维混凝土中纤维体积率、砂率和水灰比对辅特维塑钢纤维混凝土耐磨性能的影响规律,并得出辅特维塑钢纤维混凝土耐磨性能的最优配合比。

2.1 试验原材料

(1)水泥:“冀东”牌早强型普通硅酸盐水泥,密度为 3.0 g/cm^3,强度等级为 42.5,其凝结时间、细度、安定性、抗压抗折强度等参数指标都符合交通部发布的现行行业标准规范要求。

(2)骨料:粗骨料为二级配卵石,小石子粒径为 $5\sim10$ mm,大石子粒径为 $10\sim20$ mm;细骨料为渭河砂,细度模数为 2.7,表观密度为 2.63 g/cm^3。

(3)塑钢纤维:试验选取的塑钢纤维的中文名称为辅特维,英文名称为 FORTAFERRO,是美国公司的专利产品。该超长型复合纤维是由一种成绺单丝非纤化合成纤维与纤化网状纤维组合而成的纯合成聚合物(聚丙烯)双纤维组合系统,试验表明,其抗酸碱性优且无吸水性,其主要特征参数如表 2-1 所示。

表2-1　辅特维塑钢纤维各项性能指标

性能指标	具体参数	性能指标	具体参数
纤维材料	聚丙烯	弹性模量	$(1.8 \sim 2.1) \times 10^4$ MPa
纤维形状	单丝非纤化合成纤维与纤化网状纤维的双纤维组合系统	抗拉强度	$620 \sim 758$ MPa
长度/直径	54 mm/0.5 mm	极限延伸率	10%
密度	0.91 g/cm^3	抗酸碱性	优
颜色	灰 + 白	吸水性	无
推荐用量	0.18% ~ 0.7% 2 ~ 4.5 kg/m^3	包装	1 kg/袋 16 袋/箱

2.2　试验影响因素分析

　　工程中使用混凝土的基本要求是满足一定的和易性、强度、耐久性及经济性指标。随着现代工程设计理论和施工技术水平的提高,对混凝土的性能要求也越来越高,本书主要研究辅特维塑钢纤维混凝土耐磨性能的影响因素。影响辅特维塑钢纤维混凝土耐磨性能的因素如下所述。

2.2.1　原材料的影响

　　原材料包括水泥、骨料、纤维,其中水泥本身的耐磨性能对试验结果会产生一定影响,所以试验过程中要使用同一种品牌的水泥,以保证试验的一致性。其他的原材料也是一样,前人在混凝土的强度试验中已经对原材料的性能指标研究得非常成熟,一般考虑的因素有水灰比、砂率。本书要进行辅特维塑钢纤维混凝土的耐磨性能研究,试验研究主要考虑了以下几个因素:

（1）辅特维塑钢纤维体积率。辅特维塑钢纤维体积率是指辅特维塑钢纤维混凝土中辅特维纤维所占的体积百分数。本书研究的主要内容就是辅特维纤维对混凝土的耐磨性能影响，我们在前人研究经验的基础上选用辅特维纤维体积率作为一个因素，来研究辅特维纤维体积含量变化对混凝土耐磨性能的影响。

（2）砂率。砂率是混凝土性能研究常用的指标之一，本书在研究辅特维纤维对混凝土耐磨性能影响的同时，选用砂率作为一个影响因素。

（3）水灰比。水灰比对混凝土的性能指标有着至关重要的影响，选择水灰比作为影响因素并与辅特维纤维体积率、砂率共同形成正交试验设计，从而以较少的试验得到更加具有说服力的结论。

本试验选用了辅特维纤维体积率、砂率、水灰比作为试验影响因素，采用正交旋转设计的方法对混凝土的配合比进行了设计，在正交试验设计中比较在已有两个因素水平相同的情况下，第三个因素变化对试验结果的影响规律。

2.2.2　试验误差的影响

在试验中各个环节都会存在不同程度的误差并对试验结果产生影响，如原材料的称重、量取及搅拌，试件养护，刀具磨损等过程均会不可避免地产生误差。因为试验误差的不可避免性，所以试验前，我们要认真分析误差可能出现的操作环节；试验过程中我们倍加仔细，力求把试验误差带来的影响降到最低程度。

2.3　试验设计

影响混凝土耐磨性能的因素非常多，原材料方面有水泥品种及强度等级、骨料性质（表面情况、级配、粒径等）、水灰比等。本书在前人对普通混凝土耐磨性能试验研究的基础上，研究辅特维塑钢纤维体积率、砂率及水灰比三个因素对塑钢纤维混凝土耐磨性能的影响规律。

本试验参考《钢纤维混凝土试验方法 CECS 13：89》（CECS：1389）中有关钢纤维混凝土配合比的设计方法，考虑辅特维塑钢纤维体积率、水灰比和砂率三个因素,按照绝对体积法进行辅特维塑钢纤维混凝土配合比设计。试验配合比设计方案采用三元二次正交旋转组合设计。

本试验根据三元二次正交旋转组合设计安排 23 组试验点。每个试验点里有一组试验,每一组有 3 块试件,总共有 69 块 150 mm × 150 mm × 150 mm 的立方体试件,测试指标为塑钢纤维混凝土立方体试件 27 d 的试件磨损面单位面积的磨损量。三元二次正交旋转组合设计各参数见表 2-2。

表 2-2 三元二次正交旋转组合设计参数

P	m_c	m_r	m_o	N	r
3	8	6	9	23	1.682

根据实际工程经验及初步试验,砂率取 30% ~ 50%,水灰比取 0.4 ~ 0.6,辅特维塑钢纤维体积率取 0 ~ 1%。三元二次正交旋转组合设计各因素水平编码见表 2-3,三元二次正交旋转组合设计的结构矩阵见表 2-4。

表 2-3 三元二次正交旋转组合设计各因素水平编码

因素 Z_j	辅特维体积率(%)	砂率(%)	水灰比(W/C)
$+r$	1.00	50	0.60
$+1$	0.80	46	0.56
0	0.50	40	0.50
-1	0.20	34	0.44
$-r$	0	30	0.40
Δ_j	0.30	6	0.06

表 2-4　三元二次正交旋转组合设计的结构矩阵

处理号		Z_0	Z_1	Z_2	Z_3	Z_1Z_2	Z_1Z_3	Z_2Z_3	Z_1'	Z_2'	Z_3'
m_c	1	1	1	1	1	1	1	1	0.406	0.406	0.406
	2	1	1	1	-1	1	-1	-1	0.406	0.406	0.406
	3	1	1	-1	1	-1	1	-1	0.406	0.406	0.406
	4	1	1	-1	-1	-1	-1	1	0.406	0.406	0.406
	5	1	-1	1	1	-1	-1	1	0.406	0.406	0.406
	6	1	-1	1	-1	-1	1	-1	0.406	0.406	0.406
	7	1	-1	-1	1	1	-1	-1	0.406	0.406	0.406
	8	1	-1	-1	-1	1	1	1	0.406	0.406	0.406
m_r	9	1	1.682	0	0	0	0	0	2.234	-0.59	-0.59
	10	1	-1.682	0	0	0	0	0	2.234	-0.59	-0.59
	11	1	0	1.682	0	0	0	0	-0.594	2.234	-0.59
	12	1	0	-1.682	0	0	0	0	-0.594	2.234	-0.59
	13	1	0	0	1.682	0	0	0	-0.594	-0.59	2.234
	14	1	0	0	-1.682	0	0	0	-0.594	-0.59	2.234
m_o	15	1	0	0	0	0	0	0	-0.594	-0.59	-0.59
	16	1	0	0	0	0	0	0	-0.594	-0.59	-0.59
	17	1	0	0	0	0	0	0	-0.594	-0.59	-0.59
	18	1	0	0	0	0	0	0	-0.594	-0.59	-0.59
	19	1	0	0	0	0	0	0	-0.594	-0.59	-0.59
	20	1	0	0	0	0	0	0	-0.594	-0.59	-0.59
	21	1	0	0	0	0	0	0	-0.594	-0.59	-0.59
	22	1	0	0	0	0	0	0	-0.594	-0.59	-0.59
	23	1	0	0	0	0	0	0	-0.594	-0.59	-0.59
$a_j = \sum Z^2 a_j$		23	13.658	13.658	13.658	8	8	8	15.887	15.89	15.89

注:Z_1、Z_2、Z_3 分别代表辅特维塑钢纤维体积率、砂率和水灰比的因素水平。

因而计算出辅特维塑钢纤维混凝土耐磨性能试验配合比设计方案如表2-5所示。

表2-5 辅特维塑钢纤维混凝土配合比设计方案 （单位:kg/m³）

编号	辅特维体积率 (%)	砂率 (%)	水灰比 (W/C)	原材料				
				辅特维	水泥	水	砂	卵石
1	0.8	46	0.56	7.28	395	221	775	909
2	0.8	46	0.44	7.28	502	221	732	859
3	0.8	34	0.56	7.28	395	221	573	1 111
4	0.8	34	0.44	7.28	502	221	541	1 050
5	0.2	46	0.56	1.82	377	211	802	941
6	0.2	46	0.44	1.82	480	211	760	893
7	0.2	34	0.56	1.82	377	211	593	1 150
8	0.2	34	0.44	1.82	480	211	562	1 091
9	1.0	40	0.50	9.10	448	224	650	974
10	0.0	40	0.50	0	416	208	689	1 033
11	0.5	50	0.50	4.55	432	216	837	837
12	0.5	30	0.50	4.55	432	216	502	1 171
13	0.5	40	0.60	4.55	360	216	694	1 041
14	0.5	40	0.40	4.55	540	216	632	947
15	0.5	40	0.50	4.55	432	216	669	1 004
16	0.5	40	0.50	4.55	432	216	669	1 004
17	0.5	40	0.50	4.55	432	216	669	1 004
18	0.5	40	0.50	4.55	432	216	669	1 004
19	0.5	40	0.50	4.55	432	216	669	1 004
20	0.5	40	0.50	4.55	432	216	669	1 004
21	0.5	40	0.50	4.55	432	216	669	1 004
22	0.5	40	0.50	4.55	432	216	669	1 004
23	0.5	40	0.50	4.55	432	216	669	1 004

2.4　试验方法

2.4.1　仪器设备

（1）混凝土磨耗试验机（见图 2-1）应符合《水泥胶砂磨耗试验机》的相关规定，并同时符合以下条件：

①水平转盘上的卡具，应能卡紧 150 mm×150 mm×150 mm 的立方体试件，卡紧后不上浮和翘起。

②磨头与水平转盘间有效净空应为 160～180 mm。

（2）磨头花轮刀片：应符合《水泥胶砂磨耗试验机》中有关花轮刀片的规定。

（3）试模：模腔有效容积为 150 mm×150 mm×150 mm。

（4）烘箱：调温范围为 50～200 ℃，控制温度允许偏差为 ±5 ℃。

（5）电子秤：量程大于 10 kg，感量不大于 1 g。

2.4.2　试件制备及养护

塑钢纤维混凝土试件制备有特殊要求，最主要的环节是辅特维纤维在混凝土基体中能均匀分散，不能形成纤维结团的情况。辅特维纤维均匀分散于混凝土中才能充分发挥其对混凝土的增强、阻裂和增韧作用。为了使辅特维塑钢纤维在搅拌时能分散均匀，此试验首先采用了小型强制式混凝土搅拌机进行拌和，其次采用了分段加料的搅拌工艺，即先将水泥、粗细骨料干拌均匀，然后全部将辅特维塑钢纤维均匀撒入，再干拌均匀，最后再加水湿拌至均匀。辅特维塑钢纤维混凝土试件制备时的材料投放、拌和顺序过程如图 2-2 所示。拌和均匀之后，辅特维塑钢纤维在混凝土基体中的分散情况如图 2-3 所示。

23 个配合比的辅特维塑钢纤维混凝土分别制作 3 块 150 mm×150 mm×150 mm 的立方体试件，其坍落度大小都在 100 mm 左右，振动台振捣及钢模成型 24 h 之后，拆除钢模再放在标准养护室（湿度 90% 以上，温度为（20±2）℃）中养护 27 d。试件的成型和养护按照国家规范进行。

图2-1　混凝土磨耗试验机

2.4.3　试验步骤

（1）试件养护至27 d龄期从养护地点取出,擦干表面水分放在室内空气中自然干燥12 h,再放入(60±5)℃烘箱中烘12 h至恒重。试验试块烘干前后对比如图2-4所示。

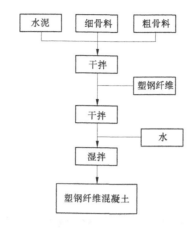

图2-2　辅特维塑钢纤维混凝土试件制备时投料与拌和过程

图2-3　辅特维塑钢纤维在混凝土基体中的分布

（辅特维塑钢纤维的体积率为1%）

（2）试件烘干处理后放至室温，刷净表面浮尘。

（3）将试件放在耐磨试验机的水平转盘上（磨削面应与成型时的顶面垂直），用夹具将其轻轻紧固。先在200 N负荷下磨30转，取下试件刷净表面粉尘称重，记下相应质量 m_1，将该质量作为试件的初始质量，然后在200 N负荷下磨60转（因此种混凝土具有高耐磨性，试验过

图2-4 试验试块烘干前后对比

程中我们采用了80转),取下试件刷净表面浮尘称重,并记录剩余质量 m_2。整个磨损过程中应将吸尘器对准试件磨损面,使磨下的粉尘被及时吸走。

(4)每组花轮刀片只进行一组试件的磨耗试验,进行第二组磨耗试验时必须更换一组新的花轮刀片。试验前后刀片与试件对比图分别如图2-5和图2-6所示。

由于密度的差距,纤维总是难以均匀分散于混凝土中,这样会直接影响试验结果,于是我们采用了强制性搅拌机,先干拌均匀水泥、粗细骨料,然后将全部辅特维塑钢纤维均匀撒入,再干拌均匀,最后再加水

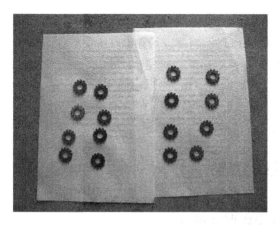

图 2-5　试验所用花轮刀片磨损前后对比（左为磨损后、右为磨损前）

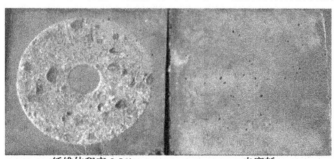

纤维体积率 0.8%　　　　　　　　　　　未磨耗

纤维体积率 0%　　　　　　　　　　纤维体积率 0.5%

图 2-6　试块磨损前后对比

湿拌至均匀。将每个配合比的塑钢纤维混凝土分别制作 3 块 150 mm ×
150 mm × 150 mm 试件,坍落度均在 100 mm 左右,振动台振捣、钢模成
型 24 h 后拆模并移至标准养护室(温度(20 ± 2)℃,湿度 90% 以上)
中,养护至 27 d 龄期后取出,擦干表面水分放在室内空气中自然干燥
12 h,再放入(60 ± 5)℃烘箱中,烘 12 h 至恒重后,将试件放在耐磨试
验机上开始进行试验。

2.5　试验结果与分析

2.5.1　试验数据处理方法

按式(2-1)计算每一试件的磨损量,以单位面积的磨损量来表示。

$$G_{\mathrm{C}} = \frac{m_1 - m_2}{0.012\ 5} \tag{2-1}$$

式中　G_{C}——单位面积的磨损量,$\mathrm{kg/m}^2$;

　　　m_1——试件的初始质量,kg;

　　　m_2——试件磨损后的质量,kg;

　　　0.012 5——试件磨损的面积,m^2。

以 3 块试件磨损量的算术平均值作为试验结果,结果计算精确至
0.001 kg/m^2。当其中 1 块磨损量超过平均值的 15% 时,应予以剔除,
取下另外 2 块试件结果的平均值作为试验结果,这 2 块磨损量均超过
平均值的 15% 时,应重新试验。

2.5.2　耐磨性能试验结果

辅特维塑钢纤维混凝土耐磨性能试验结果如表 2-6 所示。

表 2-6　辅特维塑钢纤维混凝土耐磨性能试验结果及分析

处理号	Z_0	Z_1	Z_2	Z_3	Z_1Z_2	Z_1Z_3	Z_2Z_3	Z'_1	Z'_2	Z'_3	磨损量 $(\mathrm{kg/m^2})$
1	1	1	1	1	1	1	1	0.406	0.406	0.406	1.58
2	1	1	1	-1	1	-1	-1	0.406	0.406	0.406	1.46
3	1	1	-1	1	-1	1	-1	0.406	0.406	0.406	1.68
4	1	1	-1	-1	-1	-1	1	0.406	0.406	0.406	0.76
5	1	-1	1	1	-1	-1	1	0.406	0.406	0.406	1.76
6	1	-1	1	-1	-1	1	-1	0.406	0.406	0.406	1.70
7	1	-1	-1	1	1	-1	-1	0.406	0.406	0.406	1.74
8	1	-1	-1	-1	1	1	1	0.406	0.406	0.406	1.14
9	1	1.682	0	0	0	0	0	2.234	-0.594	-0.594	1.62
10	1	-1.682	0	0	0	0	0	2.234	-0.594	-0.594	0.98
11	1	0	1.682	0	0	0	0	-0.594	2.234	-0.594	0.78
12	1	0	-1.682	0	0	0	0	-0.594	2.234	-0.594	0.92
13	1	0	0	1.682	0	0	0	-0.594	-0.594	2.234	0.88
14	1	0	0	-1.682	0	0	0	-0.594	-0.594	2.234	1.52

续表 2-6

处理号	Z_0	Z_1	Z_2	Z_3	Z_1Z_2	Z_1Z_3	Z_2Z_3	Z_1'	Z_2'	Z_3'	磨损量 (kg/m^2)
15	1	0	0	0	0	0	0	-0.594	-0.594	-0.594	1.65
16	1	0	0	0	0	0	0	-0.594	-0.594	-0.594	1.66
17	1	0	0	0	0	0	0	-0.594	-0.594	-0.594	1.72
18	1	0	0	0	0	0	0	-0.594	-0.594	-0.594	1.58
19	1	0	0	0	0	0	0	-0.594	-0.594	-0.594	1.36
20	1	0	0	0	0	0	0	-0.594	-0.594	-0.594	1.62
21	1	0	0	0	0	0	0	-0.594	-0.594	-0.594	1.60
22	1	0	0	0	0	0	0	-0.594	-0.594	-0.594	1.30
23	1	0	0	0	0	0	0	-0.594	-0.594	-0.594	1.64
B_j	32.65	-0.22	1.42	2.78	-0.02	-0.38	-1.34	-0.22	-2.77	-0.79	
d_j	23	13.66	13.66	13.66	8	8	8	15.89	15.89	15.89	
b_j	1.42	0.016	0.069 6	0.046	0.002 5	0.047 5	-0.167 5	-0.013 8	-0.172	-0.049	
U_j		0.003	0.065	0.028	5×10^{-5}	0.018	0.224	0.003 1	0.476 9	0.038 6	
F_j		0.028	0.529	0.230 3	0.000 4	0.146 1	1.816	0.024 7	3.858	0.312 2	

表中:(1)B_j 计算式如下:

$$B_0 = \sum_{i=1}^{n} y_i, \quad B_j = \sum_{i=1}^{n} z_{ij} y_i, \quad B_{kj} = \sum_{i=1}^{n} z_{ik} z_{ij} y_i, \quad B_{jj} = \sum_{i=1}^{n} z'_{ij} y_i$$

$$(2-2)$$

(2)b_j 计算式如下:

$$b_0 = \frac{B_0}{n}, \quad b_j = \frac{B_j}{d_j}, \quad b_{kj} = \frac{B_{kj}}{d_{kj}}, \quad b_{jj} = \frac{B_{jj}}{d_{jj}} \qquad (2-3)$$

其中

$$d_j = \sum_{i=1}^{n} z_{ij}^2, \quad d_{kj} = \sum_{i=1}^{n} (z_{ik} z_{ij})^2, \quad d_{jj} = \sum_{i=1}^{n} (z'_{ij})^2 \qquad (2-4)$$

(3)U_j 计算式如下:

$$U_j = \frac{B_j^2}{d_j}, \quad U_{kj} = \frac{B_{kj}^2}{d_{kj}}, \quad U_{jj} = \frac{B_{jj}^2}{d_{jj}} \qquad (2-5)$$

(4)回归分析及偏回归系数的显著性检验计算式如下:

总平方和为:

$$SS_T = \sum_{i=1}^{n} y_i^2 - \frac{1}{n} \left(\sum_{i=1}^{n} y_i \right)^2 \qquad (2-6)$$

回归平方和 $U = \sum_j U_j$,把 U_j 中较小的项归入剩余平方和 Q_{e2},$f_u = 5$,而剩余平方为:

$$Q_{e2} = SS_T - U \qquad (2-7)$$

f_{e2} 等于总自由度($n-1$)减去保留的 U_j 的项数。$MS_{e2} = Q_{e2}/f_{e2}$,$f_{e2} = 17$,则:$MS_{e2} = 0.058$

$$F = \frac{U/f_u}{MS_{e2}} = 6.12 > F_{0.01}(5,17) = 4.34 \qquad (2-8)$$

各偏回归系数检验计算式为:

$$F_j = \frac{U_j}{MS_{e2}}, \quad F_{kj} = \frac{U_{kj}}{MS_{e2}}, \quad F_{jj} = \frac{U_{jj}}{MS_{e2}} \qquad (2-9)$$

(5)检验拟合度计算式为:

误差平方和 Q_e 由零水平检验结果 $y_{01}, y_{02}, \cdots, y_{0m}$ 得到:

$$Q_e = \sum_{i=1}^{m_0} y_{0i}^2 - \frac{1}{m} \Big(\sum_{i=1}^{m_0} y_{0i} \Big)^2, \quad f_e = m_0 - 1 \tag{2-10}$$

失拟平方和为：

$$Q_{lf} = Q_{e2} - Q_e, \quad f_{lf} = f_{e2} - f_e = 10 \tag{2-11}$$

拟合度检验为：

$$F_{lf} = \frac{Q_{lf}/f_{lf}}{Q_e/f_e} = 4.4 < F_{0.01}(8,10) = 5.06 \tag{2-12}$$

以上结果证明回归方程的拟合情况良好。

2.5.3　试验结果分析

2.5.3.1　回归方程的建立与显著性检验

试验数据运用 DPS 数据处理系统，对三元二次正交旋转组合设计的试验结果进行分析，建立以混凝土抗冲磨强度为因变量的三元二次回归方程：

$$Y = 1.561\,64 - 0.141\,79Z_1 + 0.103\,64Z_2 + 0.203\,29Z_3 - 0.014\,94Z_1^2 -$$
$$0.174\,04Z_2^2 - 0.052\,9Z_3^2 + 0.002\,5Z_1Z_2 + 0.047\,5Z_1Z_3 -$$
$$0.167\,50Z_2Z_3 \tag{2-13}$$

回归关系的显著性检验见表 2-7。

表 2-7　回归分析

变异来源	平方和	自由度	均方	偏相关	比值 F	p-值
Z_1	0.274 5	1	0.274 5	-0.526 9	4.996 8	0.043 6
Z_2	0.146 7	1	0.146 7	0.412 8	2.670 0	0.126 2
Z_3	0.564 4	1	0.564 4	0.664 4	10.272 5	0.006 9
Z_1^2	0.003 5	1	0.003 5	-0.070 3	0.064 5	0.803 5
Z_2^2	0.481 3	1	0.481 3	-0.634 5	8.759 2	0.011 1
Z_3^2	0.040 2	1	0.040 2	-0.230 8	0.731 5	0.407 9

续表 2-7

变异来源	平方和	自由度	均方	偏相关	比值 F	p-值
$Z_1 Z_2$	0.000 0	1	0.000 0	0.008 4	0.000 9	0.976 4
$Z_1 Z_3$	0.018 0	1	0.018 0	0.157 0	0.328 5	0.576 3
$Z_2 Z_3$	0.224 4	1	0.224 4	-0.489 0	4.085 1	0.064 4
回归	1.750 6	9	0.194 5			
剩余	0.714 3	13	0.054 9	$F_2 = 3.540\ 20$		0.032 0
失拟	0.551 9	5	0.110 4	$F_1 = 5.437\ 18$		0.006 5
误差	0.162 4	8	0.020 3			
总和	2.464 9	22				

　　由显著性检验表及主效应分析、交互效应分析的结果,以 $a = 0.10$ 显著水平剔除不显著项后,简化后的回归方程为:

$$Y = 1.564\ 164 - 0.141\ 79 Z_1 + 0.203\ 29 Z_3 - 0.174\ 04 Z_2^2 -$$
$$0.167\ 5 Z_2 Z_3 \tag{2-14}$$

2.5.3.2　主效应分析

　　因为三元二次正交设计中各个因素都经过无量纲线性编码处理,且各一次项回归系数 b_j 之间,各 b_j 与交互项、平方项的回归系数间都是不相关的,因此可以由回归系数绝对值的大小来直接比较各因素对塑钢纤维混凝土耐磨强度的影响程度。在本试验中,$b_1 = 0.14$、$b_2 = 0.1$、$b_3 = 0.2$,即 $Z_3 > Z_1 > Z_2$,Z_3 的影响最大。

2.5.3.3　单因素效应分析

　　将建立的回归模型中的三个因素中的两个固定在某个水平上,例如都固定在零水平上或其他水平上(如 ± 1,$\pm r$ 水平上,也可以将其固定在不同水平上),就可以得到单因素的模型。单因素效应分析见表 2-8,单因素效果如图 2-7 所示。

表 2-8　单因素效应分析

因素水平	Z_1	Z_2	Z_3
-1.682 0	1.800 0	1.069 0	1.220 0
-1.341 0	1.752 0	1.249 0	1.289 0
-1.000 0	1.703 0	1.388 0	1.358 0
-0.500 0	1.633 0	1.518 0	1.460 0
0.000 0	1.562 0	1.562 0	1.562 0
0.500 0	1.491 0	1.518 0	1.663 0
1.000 0	1.420 0	1.388 0	1.765 0
1.341 0	1.372 0	1.249 0	1.834 0
1.682 0	1.323 0	1.069 0	1.904 0

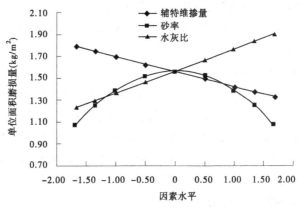

图 2-7　单因素效果

由表 2-8 和图 2-7 可以分析各因素的效应。

（1）塑钢纤维体积率因素的效应分析：当砂率和水灰比的因素水平取零值时，随着塑钢纤维体积率的增大，混凝土的单位面积磨损量呈现出一直减少的趋势，即混凝土的耐磨性呈现出一直增强的趋势。

（2）砂率因素的效应分析：当塑钢纤维体积率和水灰比的因素水

平取零值时,塑钢纤维混凝土的单位面积磨损量随着砂率的增大先增大后减小,即纤维混凝土的耐磨性能随着砂率的增大先减弱后增强。

(3)水灰比因素的效应分析:当塑钢纤维体积率和砂率的因素水平取零值时,塑钢纤维混凝土单位面积的磨损量随着水灰比的增大而增大,即塑钢纤维混凝土耐磨性能随着水灰比的增大而减弱。

总体上看,塑钢纤维混凝土的耐磨性能随着各因素的变化趋势是:随着塑钢纤维体积率的增大而增强,随砂率的增大而先减弱后增强,随水灰比的增大而减弱。

理论分析如下:

(1)辅特维纤维体积率对塑钢纤维混凝土的耐磨性能影响趋势原因分析。

辅特维塑钢纤维的掺入,在混凝土浇捣成型的过程中很好地减少了裂缝的产生,减少了混凝土构件薄弱环节的形成;辅特维塑钢纤维的掺入,使混凝土内部互相牵连、搭接,整体性强,改善了混凝土的脆性,阻碍了由于磨损或冲击产生的裂缝的发展,辅特维塑钢纤维也牵制了水泥块的剥落,有效地减少了磨损面单位面积的磨损量,从而提高了混凝土的耐磨性能。

(2)砂率对塑钢纤维混凝土的耐磨性能影响趋势原因分析。

当砂率在 30% ~40% 时,砂浆本身的密实度降低,骨料间界面的强化度和机械啮合作用下降,且过高的砂率很容易产生分层离析和泌水,导致混凝土稳定性下降,故混凝土的耐磨性能反而减弱;当砂率在40% ~50% 时,粗骨料随着砂率的提高,空隙率减小,混凝土更加密实,所以混凝土的耐磨性能得到增强。

(3)水灰比对塑钢纤维混凝土的耐磨性能影响趋势原因分析。

水灰比是配合比中的重要参数,混凝土耐磨性能很大程度上取决于水灰比。一方面,当水灰比过大、多余水分蒸发后,在混凝土内部留下孔隙,使有效承压面积减少,混凝土耐磨性能也随之减弱;另一方面,多余水分在混凝土内的迁移过程中遇到粗骨料时,由于受到粗骨料的阻碍,水分往往在其底部积聚,形成水泡,极大地削弱了砂浆与骨料的黏结强度,使混凝土耐磨性能下降。由此看出,水灰比越大,混凝土的内部缺陷也就越大,耐磨性能也就越低,故混凝土的耐磨性能随水灰比的增大而减弱。

2.5.3.4　双因素交互效应分析

　　将建立的回归模型中的一个因素固定在某一个水平上,例如固定在零水平上,或其他水平上(如 ±1, ±r 水平上),就可以得到双因素的模型。

　　图 2-8 是当砂率的因素水平取零时,辅特维塑钢纤维体积率和水灰比两因素的交互作用对混凝土单位面积磨损量的影响效应图。通过分析得出:当辅特维体积率因素水平为 1.682 0,水灰比因素水平为 −1.681 8 时,混凝土的单位面积磨损量最小值为 0.981 3 kg/m²。

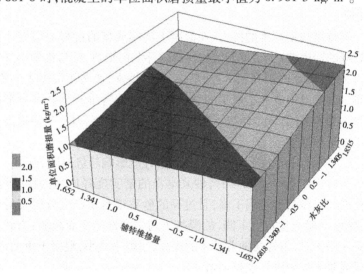

图 2-8　Z_1、Z_3 交互影响效应

　　图 2-9 是当辅特维纤维掺量因素水平取零时,砂率和水灰比两因素的交互作用对混凝土单位面积磨损量的影响规律图。通过分析得出:当辅特维体积率因素水平为 0,砂率因素水平为 −1.682 0,水灰比因素水平为 −1.681 8 时,混凝土的单位面积磨损量最小值为 0.253 7 kg/m²。

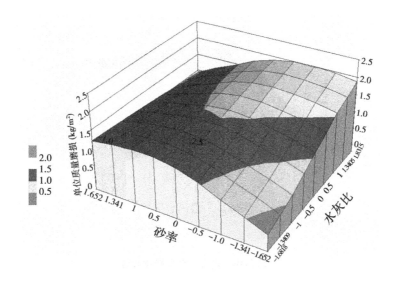

图 2-9　Z_2、Z_3 交互影响效应

图 2-10 是当水灰比因素水平取零时,辅特维纤维体积率和砂率两因素的交互作用对混凝土单位面积磨损量的影响效应。通过分析得出:当水灰比因素水平为 0,辅特维体积率因素水平为 1.682 0,砂率因素水平为 −1.681 8 时,混凝土的单位面积磨损量最小值为 0.830 9 kg/m²。

2.5.4　最优组合设计

从耐磨试验可得出最优因素水平:辅特维纤维体积率因素水平为 1.682 0(辅特维纤维体积率为 1%),砂率因素水平为 −1.682 0(砂率为 30%),水灰比因素水平为 −1.682 0 时(水灰比为 0.4),辅特维塑钢纤维混凝土的单位面积磨损量最小,为 0.017 6 kg/m²,表明此时混凝土的耐磨性能较强。

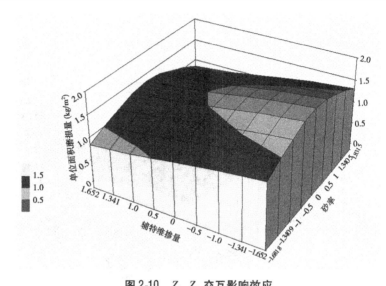

图 2-10　Z_1、Z_2 交互影响效应

2.6　本章小结

　　本章主要对辅特维塑钢纤维混凝土的耐磨性能进行了试验研究并对试验数据进行了处理分析。数据分析结果表明:辅特维塑钢纤维混凝土的单位面积磨损量:随各因素的变化趋势是:随塑钢纤维体积率的增大而减小,随砂率的增大而先增大后减小,随水灰比的增大而增大;当辅特维纤维掺量因素水平为 1.682 0(辅特维纤维体积率为 1%),砂率因素水平为 − 1.682 0(砂率为 30%),水灰比因素水平为 − 1.682 0(水灰比为 0.4)时,辅特维塑钢纤维混凝土的单位面积磨损量达到最小值 0.017 6 kg/m²。通过计算得到,当混凝土中的辅特维掺量因素水平为 − 1.682 0(辅特维纤维体积率为 0%),砂率因素水平为 − 1.682 0,水灰比因素水平为 − 1.682 0 时,混凝土的单位面积磨损量为 0.49 kg/m²。计算结果表明,当混凝土中的辅特维体积率为 1%时,混凝土的单位面积磨损量减小了 95%。表明在混凝土中掺入辅特维塑钢纤维后混凝土的抗磨性能有了很大的提高。

第3章　塑钢纤维混凝土抗冻性能试验研究

混凝土抗冻性的研究与评价是对国民经济具有重大意义的课题。混凝土冻融破坏是引起混凝土结构老化及产生病害问题的主要原因之一,在我国北方寒冷地区,长期裸露在低温环境中的混凝土结构遭受频繁的冻融循环,使混凝土结构的道路、桥梁及其他道面开裂、路面剥落、结构沉陷,缩短了混凝土结构的使用寿命。所以,冻融循环成为混凝土性能降低的最主要原因之一,混凝土的抗冻性成为混凝土耐久性中最主要的评价指标。本章进行辅特维塑钢纤维混凝土配合比与其抗冻性能关系的试验研究,得出了辅特维塑钢纤维混凝土中的辅特维体积率、砂率和水灰比对混凝土抗冻性能的影响规律,并得到辅特维塑钢纤维混凝土抗冻性能最优配合比。

3.1　试验原材料

本试验所有的原材料与第2章中耐磨性能试验中所用的原材料一致,不再重复叙述。

3.2　试验设计

本次试验的设计与第2章中耐磨性能试验中的试验设计一致,不再重复叙述。

3.3　试验方法

3.3.1　仪器设备

(1)快速冻融试验装置:能使试件固定在水中不动,依靠热交换液体的温度变化而连续、自动地按照混凝土快速冻融测定方法的要求进行冻融的装置。满载运行时冻融箱内各点温度的极差不得超过 2 ℃。

(2)试件盒:橡胶盒(也可用不锈钢板制成),净截面尺寸为 110 mm × 110 mm,高为 500 mm。

(3)共振法动弹性模量测定仪:共振法频率测量范围为 100 Hz ~ 20 kHz。

(4)台秤:量程不小于 20 kg,感量不大于 10 g。

(5)热电偶电位差计:能测量试件中心温度范围为 -200 ~ 200 ℃,允许偏差为 ±0.5 ℃。

3.3.2　试样制备

应符合试验的规定,采用 100 mm × 100 mm × 400 mm 的棱柱体混凝土试件,每组 3 根,在试验过程中可连续使用。

3.3.3　试验步骤

(1)按《水泥混凝土试件制作与硬化水泥混凝土现场取样方法》规定进行试件的制作和养护。试验龄期如无特殊要求一般为 28 d。在规定龄期的前 4 d,将试件放在(20 ± 2) ℃的饱和石灰水中浸泡,水面应至少高出试件 20 mm(对水中养护的试件,到达规定龄期时,可直接用于试验)。浸泡 4 d 后进行冻融试验。

(2)浸泡完毕,取出试件,用湿布擦去表面水分。按《水泥混凝土动弹性模量试验方法(其共振仪法)》测横向基频,并称其质量,作为评定抗冻性的起始值,并做必要的外观描述。

（3）将试件放入橡胶试件盒中,加入清水,使其没过试件顶面 1～3 mm（如采用金属试件盒,则应在试件的侧面与底部垫放适当宽度与厚度的橡胶或多根直径 3 mm 的电线,用于分离试件和底部）,然后将装有试件的试件盒放入冻融试验箱的试件架中。

3.3.4　试验注意事项

（1）通常每隔 25 次冻融循环对试件进行一次横向基频的测试并称重,也可根据试件抗冻性强弱来确定测试的间隔次数。测试时,应小心将试件从试件盒中取出,冲洗干净,擦去表面水进行称重及横向基频的测定,并做必要的外观描述。测试完毕后,将试件调头重新装入试件盒中,注入清水,继续试验。试件在测试过程中,应防止失水,待测试件须用湿布覆盖。

（2）冻融试验达到以下三种情况的任何一种时,即可停止试验:

①冻融至预定循环次数。

②试件的相对动弹性模量下降至 60% 以下。

③试件的质量损失率达 5%。

此次混凝土抗冻性能试验根据快冻法进行试验,制备了 69 块 100 mm×100 mm×400 mm 的棱柱体试块,养护至 28 d 龄期后,在试验前 4 d 将试件放在（20±3）℃的水中浸泡 4 d。4 d 后将已浸水的试件擦去表面水分后,称其初始质量,并测量初始的自振频率,作为评定抗冻性的初始值;将试件装入试件盒中,按冻融介质要求注入淡水,水面应浸没试件顶面 20 mm。确定 25 次为一个冻融循环,每做 25 次冻融循环对试件检测一次,测试时,小心将试件从盒中取出,冲洗干净,擦去表面水分,称量并测定其自振频率。每次测试完毕后,应将试件调头重新装入试件盒中,注入淡水,继续试验。

3.4　试验结果与分析

3.4.1　试验数据处理方法

(1)相对动弹性模量 P 按下式计算:

$$P = \frac{f_n^2}{f_0^2} \times 100 \qquad\qquad (3\text{-}1)$$

式中　P——经 n 次冻融循环后试件的相对动弹性模量(%);

　　　f_n——冻融循环 n 次后试件的横向基频,Hz;

　　　f_0——试验前试件的横向基频,Hz。

以 3 个试件的平均值作为试验结果,结果精确至 0.1%。

(2)质量变化率 W_n 按下式计算:

$$W_n = \frac{m_0 - m_n}{m_0} \times 100 \qquad\qquad (3\text{-}2)$$

式中　W_n——n 次冻融循环后的试件的质量变化率(%);

　　　m_0——冻融试验前的试件质量,kg;

　　　m_n——n 次冻融循环后的试件质量,kg。

以 3 个试件的平均值为试验结果,精确至 0.1%。

3.4.2　抗冻性能试验结果

塑钢纤维混凝土相对动弹性模量试验结果如表 3-1 所示。

表 3-1　塑钢纤维混凝土相对动弹性模量试验结果

处理号	Z_0	Z_1	Z_2	Z_3	Z_1Z_2	Z_1Z_3	Z_2Z_3	Z_1'	Z_2'	Z_3'	相对动弹性模量（%）
1	1	1	1	1	1	1	1	0.406	0.406	0.406	77.61
2	1	1	1	-1	1	-1	-1	0.406	0.406	0.406	92.83
3	1	1	-1	1	-1	1	-1	0.406	0.406	0.406	76.04
4	1	1	-1	-1	-1	-1	1	0.406	0.406	0.406	93.05
5	1	-1	1	1	-1	-1	1	0.406	0.406	0.406	77.46
6	1	-1	1	-1	-1	1	-1	0.406	0.406	0.406	75.26
7	1	-1	-1	1	1	-1	-1	0.406	0.406	0.406	73.81
8	1	-1	-1	-1	1	1	1	0.406	0.406	0.406	81.38
9	1	1.682	0	0	0	0	0	2.234	-0.594	-0.594	85.68
10	1	-1.682	0	0	0	0	0	2.234	-0.594	-0.594	90.70
11	1	0	1.682	0	0	0	0	-0.594	2.234	-0.594	65.59
12	1	0	-1.682	0	0	0	0	-0.594	2.234	-0.594	56.89
13	1	0	0	1.682	0	0	0	-0.594	-0.594	2.234	87.60
14	1	0	0	-1.682	0	0	0	-0.594	-0.594	2.234	77.60
15	1	0	0	0	0	0	0	-0.594	-0.594	-0.594	92.21
16	1	0	0	0	0	0	0	-0.594	-0.594	-0.594	87.34
17	1	0	0	0	0	0	0	-0.594	-0.594	-0.594	85.12
18	1	0	0	0	0	0	0	-0.594	-0.594	-0.594	91.35
19	1	0	0	0	0	0	0	-0.594	-0.594	-0.594	94.38
20	1	0	0	0	0	0	0	-0.594	-0.594	-0.594	92.61

续表 3-1

处理号	Z_0	Z_1	Z_2	Z_3	Z_1Z_2	Z_1Z_3	Z_2Z_3	Z_1'	Z_2'	Z_3'	相对动弹性模量（%）
21	1	0	0	0	0	0	0	-0.594	-0.594	-0.594	93.50
22	1	0	0	0	0	0	0	-0.594	-0.594	-0.594	89.84
23	1	0	0	0	0	0	0	-0.594	-0.594	-0.594	93.76
B_j	1 931.6	23.18	13.51	-20.33	3.82	-6.86	11.56	-1.15	-153.6	-32.76	
d_j	23.00	13.66	13.66	13.66	8.00	8.00	8.00	15.89	15.89	15.89	
b_j	83.98	1.70	0.99	-1.49	0.48	-0.86	1.45	-0.07	-9.67	-2.06	
U_j		39.41	13.37	30.29	1.83	5.90	16.76	0.08	1 484.83	67.49	
F_j		7.68	1.19	14.17	0.02	96.68	4.56	0.12	5.89	1.09	

表中：

（1）B_j 计算式如下：

$$B_0 = \sum_{i=1}^n y_i, \quad B_j = \sum_{i=1}^n z_{ij}y_i, \quad B_{kj} = \sum_{i=1}^n z_{ik}z_{ij}y_i, \quad B_{jj} = \sum_{i=1}^n z_{ij}'y_i$$

$$(3-3)$$

（2）b_j 计算式如下：

$$b_0 = \frac{B_0}{n}, \quad b_j = \frac{B_j}{d_j}, \quad b_{kj} = \frac{B_{kj}}{d_{kj}}, \quad b_{jj} = \frac{B_{jj}}{d_{jj}} \quad (3-4)$$

其中 $d_j = \sum_{i=1}^n z_{ij}^2, \quad d_{kj} = \sum_{i=1}^n (z_{ik}z_{ij})^2, \quad d_{jj} = \sum_{i=1}^n (z_{ij}')^2 \quad (3-5)$

（3）U_j 计算式如下：

$$U_j = \frac{B_j^2}{d_j}, \quad U_{kj} = \frac{B_{kj}^2}{d_{kj}}, \quad U_{jj} = \frac{B_{jj}^2}{d_{jj}} \tag{3-6}$$

（4）回归分析和偏回归系数显著性检验计算式如下：

总平方和为：

$$SS_T = \sum_{i=1}^{n} y_i^2 - \frac{1}{n} \left(\sum_{i=1}^{n} y_i \right)^2 \tag{3-7}$$

回归平方和 $U = \sum_{j} U_j$，把 U_j 中较小的项归入剩余平方和 Q_{e2}，$f_u =$

9 而剩余平方和为：

$$Q_{e2} = SS_T - U \tag{3-8}$$

f_{e2} 等于总自由度 $(n-1)$ 减去保留的 U_j 的项数。$MS_{e2} = Q_{e2}/f_{e2}$，

$f_{e2} = 13$，则：

$$F = \frac{U/f_u}{MS_{e2}} = 14.57 > F_{0.01}(9,13) = 4.19 \tag{3-9}$$

回归系数检验计算式为：

$$F_j = \frac{U_j}{MS_{e2}}, \quad F_{kj} = \frac{U_{kj}}{MS_{e2}}, \quad F_{jj} = \frac{U_{jj}}{MS_{e2}} \tag{3-10}$$

计算结果都已列在表 3-1 中，各偏回归系数除 b_2、b_1^2、b_1b_2、b_2b_3 外，其余均达显著水平。

（5）检验拟合度计算式如下：

误差平方和 Q_e 由零水平检验结果 $y_{01}, y_{02}, \cdots, y_{0m}$ 获得：

$$Q_e = \sum_{i=1}^{m_0} y_{0i}^2 - \frac{1}{m} \left(\sum_{i=1}^{m_0} y_{0i} \right)^2, \quad f_e = m_0 - 1 \qquad (3\text{-}11)$$

失拟平方和为：

$$Q_{lf} = Q_{e2} - Q_e, \quad f_{lf} = f_{e2} - f_e = 5 \qquad (3\text{-}12)$$

拟合度检验为：

$$F_{lf} = \frac{Q_{lf}/f_{lf}}{Q_e/f_e} = 2.44 < F_{0.01}(5,8) = 2.73 \qquad (3\text{-}13)$$

以上结果证明回归方程的拟合情况良好。

3.4.3　试验结果分析

3.4.3.1　回归方程的建立与显著性检验

试验数据运用 DPS 数据处理系统,对三元二次正交旋转组合设计的试验结果进行分析,建立以混凝土的相对动弹性模量为因变量的三元二次回归方程:

$$Y = 91.028\ 07 + 2.933\ 52Z_1 - 1.153\ 38Z_2 - 3.984\ 66Z_3 -$$

$$0.120\ 05Z_1^2 - 9.648\ 32Z_2^2 - 2.096\ 42Z_3^2 +$$

$$0.477\ 5Z_1Z_2 - 3.357\ 5Z_1Z_3 + 1.445Z_2Z_3$$

$$(3\text{-}14)$$

回归关系的显著性检验见表 3-2。

表 3-2　回归分析

变异来源	平方和	自由度	均方	偏相关	比值 F	p - 值
X_1	117. 524 3	1	117. 524 3	0. 609 4	7. 681 8	0. 015 9
X_2	18. 167 6	1	18. 167 6	− 0. 289 3	1. 187 5	0. 295 6
X_3	216. 837 0	1	216. 837 0	− 0. 722 2	14. 173 2	0. 002 4
X_1^2	0. 229 0	1	0. 229 0	− 0. 033 9	0. 015 0	0. 904 5
X_2^2	1 479. 142 2	1	1 479. 142 2	− 0. 938 9	96. 681 9	0. 000 1
X_3^2	69. 833 2	1	69. 833 2	− 0. 509 8	4. 564 5	0. 052 2
$X_1 X_2$	1. 824 1	1	1. 824 1	0. 095 3	0. 119 2	0. 735 4
$X_1 X_3$	90. 182 5	1	90. 182 5	− 0. 558 5	5. 894 6	0. 030 5
$X_2 X_3$	16. 704 2	1	16. 704 2	0. 278 4	1. 091 8	0. 315 1
回归	2 005. 869 2	9	222. 874 4	$F_2 = 14. 567 84$		0. 000 2
剩余	198. 887 8	13	15. 299 1			
失拟	120. 238 4	5	24. 047 7	$F_1 = 2. 446 06$		0. 090 0
误差	78. 649 4	8	9. 831 2			
总和	2 204. 757 1	22				

由显著性检验表及主效应分析、交互效应分析的结果,以 $a = 0. 10$ 显著水平剔除不显著项后,简化后的回归方程为:

$$Y = 91. 028 07 + 2. 933 52 Z_1 - 3. 984 66 Z_3 -$$

$$9. 648 32 Z_2^2 - 2. 096 42 Z_3^2 - 3. 357 5 Z_1 Z_3$$

$$(3\text{-}15)$$

3.4.3.2　主效应分析

由于设计中各因素均经无量纲线性编码处理,且各一次项回归系数 b_j 之间,各 b_j 与交互项、平方项的回归系数间都是不相关的,因此可以由回归系数绝对值的大小来直接比较各因素对塑钢纤维混凝土抗冻性能的影响程度。本试验中 $b_1 = 2.9$、$b_2 = -1.15$、$b_3 = -3.985$,即 $Z_3 > Z_1 > Z_2$,Z_3 的影响最大。

3.4.3.3　单因素效应分析

将建立的回归模型中的三个因素的两个固定在某一个水平上,例如,都固定在零水平上或其他水平上(如 ± 1, $\pm r$ 水平上,也可以将其固定在不同水平上),就可以得到单因素的模型。

单因素效应分析见表 3-3,单因素效果如图 3-1 所示。

表 3-3　单因素效应分析

因素水平	Z_1	Z_2	Z_3
-1.682 0	86.095 0	63.739 0	91.800 0
-1.341 0	87.095 0	73.680 0	92.602 0
-1.000 0	88.095 0	81.380 0	92.916 0
-0.500 0	89.561 0	88.616 0	92.496 0
0.000 0	91.028 0	91.028 0	91.028 0
0.500 0	92.495 0	88.616 0	88.512 0
1.000 0	93.962 0	81.380 0	84.947 0
1.341 0	94.962 0	73.680 0	81.916 0
1.682 0	95.962 0	63.739 0	78.397 0

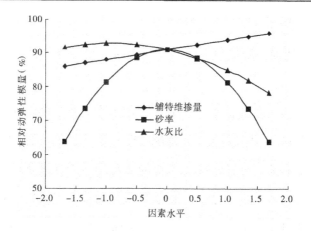

图 3-1　单因素效果

由表 3-3 和图 3-1 可以对各因素对抗冻性能的效应进行分析。

（1）辅特维塑钢纤维体积率因素的效应分析：当砂率和水灰比的因素水平取零时，塑钢纤维混凝土的相对动弹性模量随着纤维体积率的增大而增大。

（2）砂率因素的效应分析：当塑钢纤维体积率和水灰比的因素水平都取零时，塑钢纤维混凝土的相对动弹性模量随着砂率的增大先增大后减小，并且当因素 $Z_2 = 0$ 时出现最大值。

（3）水灰比因素的效应分析：当辅特维塑钢纤维体积率和砂率的因素水平都取零时，塑钢纤维混凝土的相对动弹性模量随着水灰比的增大而减小。

总体上看，塑钢纤维混凝土的相对动弹性模量随着各因素的变化趋势是：随辅特维塑钢纤维体积率增大而增大，随砂率的增大而先增大后减小，随水灰比的增大而减小。

理论分析如下：

（1）辅特维纤维对塑钢纤维混凝土的抗冻性能影响趋势原因分析。

辅特维塑钢纤维混凝土的相对动弹性模量之所以随着纤维体积率的增加而提高，是因为混凝土在冻融条件下能产生较大的膨胀力，易使混凝土开裂和原有裂缝扩展，而纤维的加入，在混凝土硬化时就有效地抑制了内部较多微裂缝的产生和发展，且均匀分布在混凝土中的纤维对混凝土起到了一个很好的约束作用，从而能抵抗冻融时的膨胀力；纤维的掺入可以提高混凝土的抗渗性，因而对抗冻性也是有利的。

（2）砂率对塑钢纤维混凝土的抗冻性能影响趋势原因分析。

塑钢纤维混凝土相对动弹性模量之所以在砂率为 40% 时达到最大，是因为砂率在低于 40% 时，粗骨料之间的孔隙未被填充密实，混凝土冻结时，排出多余水分的毛细孔通路较长，产生的压力较大，因而易造成破坏。但随着砂率的提高，孔隙率减小，混凝土更加密实，所以相对动弹性模量得到提高。当砂率大于 40% 时，粗骨料用量降低，骨料间界面的强化度和机械啮合作用下降，且过高的砂率很容易产生分层离析和泌水，遇冷结冰会发生体积膨胀，引起混凝土内部结构的破坏，导致混凝土稳定性下降，故相对动弹性模量反而下降。

（3）水灰比对塑钢纤维混凝土的抗冻性能影响趋势原因分析。

塑钢纤维混凝土的相对动弹性模量主要取决于毛细管孔隙率，在充分密实的混凝土中水灰比越大，孔隙率越高，则较大孔的数量越多，可冻孔也就越多，另外滞留于混凝土毛细孔中的多余游离水就越多，混凝土冻结产生的压力也越大,因而易造成膨胀破坏。混凝土的抗冻性较差,相对动弹性模量也就越低,故塑钢纤维混凝土的相对动弹性模量随水灰比的增大而减小。

3.4.3.4　双因素交互效应分析

将建立的回归模型中的一个因素固定在某一个水平上,例如,固定在零水平上,或其他水平上(如 ±1, ±r 水平上,也可以将其固定在不同水平上),就可以得到双因素的模型。

图 3-2 为当砂率的因素水平取零时,辅特维纤维体积率和水灰比两因素的交互作用对混凝土相对弹性模量的影响效应图。从图中可以看出:在砂率的因素水平取零时,相对弹性模量随辅特维纤维体积率因素水平增大而增大,随水灰比因素水平增大而减小,且当 $Z_1 = 1.682\ 0$,

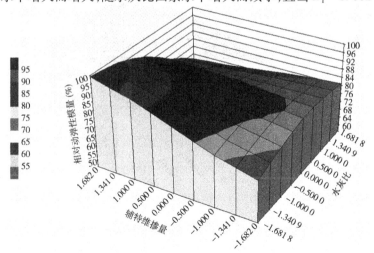

图 3-2　Z_1、Z_3 交互影响效应

$Z_3 = -1.682\,0$ 时,相对弹性模量 $\hat{y}$ 出现最大值的概率为 99%;同时随着水灰比因素水平的增大,相对弹性模量随着塑钢纤维体积率因素水平增大而增大的速度变缓;随着塑钢纤维体积率因素水平的增大,相对弹性模量随着水灰比因素水平增大而减小的速度加快。

图 3-3 为当纤维体积率因素水平取零时,相对弹性模量 $\hat{y}$ 的影响曲面和相对弹性模量的等高线图。从图中可以看出:当纤维体积率因素水平取零时,相对弹性模量随砂率水平因素增大先增大后减小,随水灰比水平因素增大也是呈现出先增大后减小的变化趋势,且当 $Z_2 = 0$,$Z_3 = -1.340\,9$ 时,相对弹性模量 $\hat{y}$ 出现最大值为 92.6%。

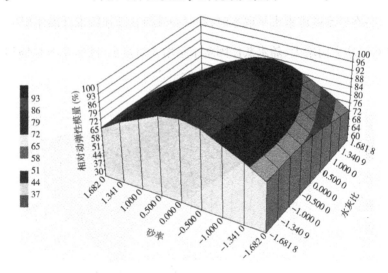

图 3-3 Z_2、Z_3 交互影响效应

图 3-4 为当水灰比水平因素取零时,相对弹性模量 $\hat{y}$ 的影响曲面和相对弹性模量的等高线图。从图中可以看出:当水灰比因素水平为

零时,相对弹性模量随砂率因素水平增大先增大后减小,随纤维体积率 Z_1 增大呈现出一直增大的变化趋势,且当 $Z_1 = 1.6820$,$Z_2 = 0$ 时,相对弹性模量 $\hat{y}$ 出现最大值为 95.96%。

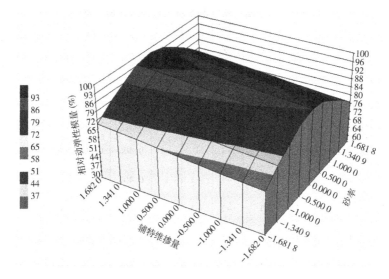

图 3-4　Z_1、Z_2 交互影响效应

3.4.4　最优组合设计

从抗冻试验可得出最优因素水平:辅特维纤维掺量因素水平为 1.6820(辅特维体积率为 1%),砂率因素水平为 0(砂率为 40%),水灰比因素水平为 −1.6820(水灰比为 0.4)时,塑钢纤维混凝土的相对动弹性模量最大,为 96.23%,表明混凝土的抗冻性最好。

3.4.5　抗冻性试验质量变化率结果与分析

由表 3-4 试验数据结果可以看出,由于冻融循环次数较少,混凝土外观变化不明显,试件表面基本完好,质量损失很小甚至不损失,再加上冻融循环过程中混凝土吸收大量的水分,吸收的水分比混凝土质量损失要大,所以存在混凝土在冻融循环过程中越冻质量越大的现象。

表3-4　塑钢纤维混凝土质量损失率试验结果

处理号	Z_0	Z_1	Z_2	Z_3	Z_1Z_2	Z_1Z_3	Z_2Z_3	Z_1'	Z_2'	Z_3'	质量损失率（%）
1	1	1	1	1	1	1	1	0.406	0.406	0.406	-0.02
2	1	1	1	-1	1	-1	-1	0.406	0.406	0.406	0
3	1	1	-1	1	-1	1	-1	0.406	0.406	0.406	-0.29
4	1	1	-1	-1	-1	-1	1	0.406	0.406	0.406	-0.70
5	1	-1	1	1	-1	-1	1	0.406	0.406	0.406	-0.24
6	1	-1	1	-1	-1	1	-1	0.406	0.406	0.406	-0.45
7	1	-1	-1	1	1	-1	-1	0.406	0.406	0.406	-0.13
8	1	-1	-1	-1	1	1	1	0.406	0.406	0.406	-0.20
9	1	1.682	0	0	0	0	0	2.234	-0.594	-0.594	-0.21
10	1	-1.682	0	0	0	0	0	2.234	-0.594	-0.594	-0.27
11	1	0	1.682	0	0	0	0	-0.594	2.234	-0.594	-0.15
12	1	0	-1.682	0	0	0	0	-0.594	2.234	-0.594	-0.17
13	1	0	0	1.682	0	0	0	-0.594	-0.594	2.234	-0.18
14	1	0	0	-1.682	0	0	0	-0.594	-0.594	2.234	-0.18

续表 3-4

处理号	Z_0	Z_1	Z_2	Z_3	Z_1Z_2	Z_1Z_3	Z_2Z_3	Z_1'	Z_2'	Z_3'	质量损失率（%）
15	1	0	0	0	0	0	0	−0.594	−0.594	−0.594	0.28
16	1	0	0	0	0	0	0	−0.594	−0.594	−0.594	−0.01
17	1	0	0	0	0	0	0	−0.594	−0.594	−0.594	−0.14
18	1	0	0	0	0	0	0	−0.594	−0.594	−0.594	−0.23
19	1	0	0	0	0	0	0	−0.594	−0.594	−0.594	−0.13
20	1	0	0	0	0	0	0	−0.594	−0.594	−0.594	−0.25
21	1	0	0	0	0	0	0	−0.594	−0.594	−0.594	0.29
22	1	0	0	0	0	0	0	−0.594	−0.594	−0.594	−0.11
23	1	0	0	0	0	0	0	−0.594	−0.594	−0.594	−0.01

3.5　本章小结

（1）在混凝土冻融循环过程中，混凝土试件表面首先出现了孔洞，随着冻融循环次数的增加，这些孔洞逐渐形成坑槽，直至在混凝土表面出现了裂缝，试件破坏。

（2）辅特维塑钢纤维可以显著改善混凝土的抗冻性能，并且随着冻融次数的增加，其效果越明显。混凝土中掺入辅特维塑钢纤维是提高其抗冻性能的有效措施之一。

（3）辅特维塑钢纤维混凝土相对动弹性模量值与冻融循环次数的试验结果表明，在冻融循环初期，混凝土内部的初始缺陷对其相对动弹性模量的负面影响要比纤维正面效应明显；随着冻融循环次数的增加，纤维对改善混凝土抗冻性能的作用逐渐明显，且随着纤维掺量的增加，作用越加明显。

（4）通过对辅特维塑钢纤维混凝土进行 50 次冻融循环后发现，辅特维塑钢纤维混凝土的相对动弹性模量随着各因素的变化趋势是：随塑钢纤维体积率增大而增大，随砂率的增大而先增大后减小，随水灰比的增大而减小。从抗冻试验可得出最优因素水平：辅特维体积率为 1%，砂率为 40%，水灰比为 0.4 时，50 次冻融循环后塑钢纤维混凝土的相对动弹性模量达到最大值 96.23%，表明混凝土的抗冻性最好。通过计算得到当辅特维体积率为 0，水灰比为 0.4，砂率为 40% 时，50 次冻融循环后塑钢纤维混凝土的相对动弹性模量为 77.37%，计算结果表明，在混凝土中掺入辅特维体积率为 1% 时，混凝土的抗冻性能提高了 24.4%。因此，在混凝土中掺入辅特维塑钢纤维后确实可以提高混凝土的抗冻性能。

第 4 章 塑钢纤维混凝土抗渗性能试验研究

在土木工程中,建筑物、构筑物所采用的防渗、抗渗措施随着科学技术的发展而逐步丰富起来,多样化的新型防渗、抗渗材料在工程建设中得到广泛的应用。近几年,随着新材料、新工艺不断的研发及应用,各种纤维混凝土在工程中取得了令人较为满意的防渗、抗渗效果和明显的经济效益和社会效益。本章进行辅特维塑钢纤维混凝土配合比与其抗渗性能关系的试验研究,得出辅特维体积率、砂率和水灰比对混凝土抗渗性能的影响规律,并得到辅特维塑钢纤维混凝土抗渗性能最优配合比。

4.1 试验原材料

本次试验所用的原材料与第 2 章中耐磨试验中所用的原材料一致,不再重复叙述。

4.2 试验设计

本次试验的设计与第 2 章中耐磨试验中的试验设计一致,不再重复叙述。

4.3 试验方法

4.3.1 仪器设备

(1)水泥混凝土渗透仪:应能使水压按规定方法稳定地作用在试件上。

(2)成型试模:上口直径为 175 mm,下口直径为 185 mm,高 150 mm 的锥台。

(3)螺旋加压器、烘箱、电炉、瓷盘、钢丝刷等。

(4)密封材料:如石蜡加松香、水泥加黄油等。

4.3.2 试验步骤

(1)辅特维塑钢混凝土拌和方法与第 2 章中耐磨试验中所用的方法一致。

(2)23 个配合比的辅特维塑钢纤维混凝土各分别制作 3 块上口直径为 175 mm、下口直径为 185 mm、高 150 mm 的锥台试件,振动台振捣及钢模成型 24 h 之后,拆除钢模,用钢丝刷刷去两端的水泥浆膜,再放在标准养护室(湿度90%以上,温度为(20±2)℃)中养护28 d。

(3)到达试验龄期时,取出试件擦拭干净并晾干表面后,在试件侧面涂一层厚度为 1~2 mm 的、比例为 2.5:1~3:1 的水泥加黄油密封材料,再用螺旋加压器将试件压入已预热的试模中,使试件与试模底平齐,试模变冷后解除压力。

(4)将密封好的试件安装在抗渗仪上,将抗渗仪水压力一次加到 0.8 MPa,同时开始计时(准确至 min),在此压力下恒定 8 h,然后降压,从试模中取出试件,将试件从压力机上压裂测出渗水高度(若期间有试块漏水,则需重新试验)。

塑钢纤维混凝土抗渗试验入渗结果如图 4-1 所示。

图4-1　塑钢纤维混凝土抗渗试验入渗结果

4.4　试验结果与分析

4.4.1　试验数据处理方法

根据《钢纤维混凝土试验方法 CECS 13:89》（CECS:1389）中选取混凝土的相对渗透系数作为塑钢纤维混凝土抗渗性能的评价指标。

（1）以各等分点渗水高度的平均值作为该试件的渗水高度。

（2）相对渗透性系数计算公式如下：

$$K_t = \frac{aD_m^2}{2TH} \qquad (4-1)$$

式中　K_t——相对渗透性系数,cm/h；

　　　a——混凝土吸水率,一般为0.03；

　　　D_m——平均渗水高度,cm；

　　　T——恒压时间,h；

　　　H——水压力,以水柱高度表示,cm,1 MPa 水压力,以水柱高度表示为10 200 cm,本次试验取0.8 MPa = 8 160 cm 水柱高度。

4.4.2 相对渗透性系数试验结果

塑钢纤维混凝土抗渗性能试验结果见表4-1。

表 4-1 塑钢纤维混凝土抗渗性能试验结果

处理号	Z_0	Z_1	Z_2	Z_3	Z_1Z_2	Z_1Z_3	Z_2Z_3	Z_1'	Z_2'	Z_3'	相对渗透系数($\times 10^{-9}$ cm/s)
1	1	1	1	1	1	1	1	0.406	0.406	0.406	11.12
2	1	1	1	-1	1	-1	-1	0.406	0.406	0.406	7.77
3	1	1	-1	1	-1	1	-1	0.406	0.406	0.406	19.15
4	1	1	-1	-1	-1	-1	1	0.406	0.406	0.406	4.79
5	1	-1	1	1	-1	-1	1	0.406	0.406	0.406	8.84
6	1	-1	1	-1	-1	1	-1	0.406	0.406	0.406	5.52
7	1	-1	-1	1	1	-1	-1	0.406	0.406	0.406	14.67
8	1	-1	-1	-1	1	1	1	0.406	0.406	0.406	4.54
9	1	1.682	0	0	0	0	0	2.234	-0.594	-0.594	8.94
10	1	-1.682	0	0	0	0	0	2.234	-0.594	-0.594	3.25
11	1	0	1.682	0	0	0	0	-0.594	2.234	-0.594	6.65
12	1	0	-1.682	0	0	0	0	-0.594	2.234	-0.594	5.60
13	1	0	0	1.682	0	0	0	-0.594	-0.594	2.234	14.36
14	1	0	0	-1.682	0	0	0	-0.594	-0.594	2.234	2.15
15	1	0	0	0	0	0	0	-0.594	-0.594	-0.594	2.84
16	1	0	0	0	0	0	0	-0.594	-0.594	-0.594	3.07

续表 4-1

处理号	Z_0	Z_1	Z_2	Z_3	Z_1Z_2	Z_1Z_3	Z_2Z_3	Z'_1	Z'_2	Z'_3	相对渗透系数(×10^{-9} cm/s)
17	1	0	0	0	0	0	0	−0.594	−0.594	−0.594	3.98
18	1	0	0	0	0	0	0	−0.594	−0.594	−0.594	5.09
19	1	0	0	0	0	0	0	−0.594	−0.594	−0.594	1.47
20	1	0	0	0	0	0	0	−0.594	−0.594	−0.594	3.65
21	1	0	0	0	0	0	0	−0.594	−0.594	−0.594	3.13
22	1	0	0	0	0	0	0	−0.594	−0.594	−0.594	5.03
23	1	0	0	0	0	0	0	−0.594	−0.594	−0.594	4.09
B_j	149.7	18.83	−8.13	51.70	−0.20	4.26	−17.8	21.95	22.12	34.17	
d_j	23.00	13.66	13.66	13.66	8.00	8.00	8.00	16.05	16.05	16.05	
b_j	6.51	1.38	−0.60	3.79	−0.02	0.53	−2.23	1.37	1.38	2.13	
U_j		25.96	4.84	195.7	0.00	2.27	39.69	30.02	30.49	72.74	
F_j		7.41	1.38	55.88	0.00	0.65	11.33	8.57	8.71	20.77	

表中：

(1)B_j 计算式如下：

$$B_0 = \sum_{i=1}^{n} y_i, \quad B_j = \sum_{i=1}^{n} z_{ij}y_i, \quad B_{kj} = \sum_{i=1}^{n} z_{ik}z_{ij}y_i, \quad B_{jj} = \sum_{i=1}^{n} z'_{ij}y_i$$

$$(4-2)$$

(2)b_j 计算式如下：

$$b_0 = \frac{B_0}{n}, \quad b_j = \frac{B_j}{d_j}, \quad b_{kj} = \frac{B_{kj}}{d_{kj}}, \quad b_{jj} = \frac{B_{jj}}{d_{jj}} \qquad (4-3)$$

其中 $d_j = \sum_{i=1}^{n} z_{ij}^2, \quad d_{kj} = \sum_{i=1}^{n} (z_{ik}z_{ij})^2, \quad d_{jj} = \sum_{i=1}^{n} (z'_{ij})^2 \qquad (4-4)$

（3）U_j 计算式如下：

$$U_j = \frac{B_j^2}{d_j}, \quad U_{kj} = \frac{B_{kj}^2}{d_{kj}}, \quad U_{jj} = \frac{B_{jj}^2}{d_{jj}} \quad (4-5)$$

（4）回归分析和偏回归系数的显著性检验计算式如下：

总平方和为：

$$SS_T = \sum_{i=1}^n y_i^2 - \frac{1}{n} \left(\sum_{i=1}^n y_i \right)^2 \quad (4-6)$$

回归平方和 $U = \sum_j U_j$，把 U_j 中较小的项归入剩余平方和 Q_{e2}，$f_u = 9$ 而剩余平方和为：

$$Q_{e2} = SS_T - U \quad (4-7)$$

f_{e2} 等于总自由度 $(n-1)$ 减去保留的 U_j 的项数。$MS_{e2} = Q_{e2}/f_{e2}$，$f_{e2} = 13$，则

各偏回归系数检验计算式为：

$$F = \frac{U/f_u}{MS_{e2}} = 12.955\ 33 > F_{0.01}(6, 16) = 4.17 \quad (4-8)$$

$$F_j = \frac{U_j}{MS_{e2}}, F_{kj} = \frac{U_{kj}}{MS_{e2}}, F_{jj} = \frac{U_{jj}}{MS_{e2}} \quad (4-9)$$

（5）检验拟合度计算式如下：

误差平方和 Q_e 由零水平检验结果 $y_{01}, y_{02}, \cdots, y_{0m}$ 获得：

$$Q_e = \sum_{i=1}^{m_0} y_{0i}^2 - \frac{1}{m} \left(\sum_{i=1}^{m_0} y_{0i} \right)^2, \quad f_e = m_0 - 1 \quad (4-10)$$

失拟平方和为：

$$Q_{lf} = Q_{e2} - Q_e, \quad f_{lf} = f_{e2} - f_e = 5 \quad (4-11)$$

拟合度检验为：

$$F_{lf} = \frac{Q_{lf}/f_{lf}}{Q_e/f_e} = 5.43 < F_{0.01}(5, 8) = 6.63 \quad (4-12)$$

以上结果表明回归方程拟合情况良好。

4.4.3 试验结果分析

4.4.3.1 回归方程的建立与显著性检验

试验数据运用 DPS 数据处理系统对三元二次正交旋转组合设计

的试验结果进行分析,建立以混凝土的相对渗透系数为因变量的三元二次回归方程:

$$Y = 3.532\ 52 + 1.384\ 08Z_1 - 0.720\ 97Z_2 + 3.804\ 31Z_3 +$$

$$1.478\ 01Z_1^2 + 1.129\ 71Z_2^2 + 2.248\ 44Z_3^3 -$$

$$0.034\ 1Z_1Z_2 + 0.499\ 92Z_1Z_3 - 2.253\ 48Z_2Z_3 \tag{4-13}$$

以下是 $\alpha = 0.10$ 显著水平剔除不显著项后,简化后的回归方程:

$$Y = 3.532\ 52 + 1.384\ 08Z_1 + 3.804\ 31Z_3 + 1.478\ 01Z_1^2 +$$

$$1.129\ 71Z_2^2 + 2.248\ 44Z_3^2 - 2.253\ 48Z_2Z_3 \tag{4-14}$$

回归关系的显著性检验如表 4-2 所示。

表 4-2　回归分析

变异来源	平方和	自由度	均方	偏相关	比值 F	p-值
X_1	26.162 2	1	26.162 2	0.604 6	7.490 7	0.017 0
X_2	7.098 8	1	7.098 8	-0.367 7	2.032 5	0.177 5
X_3	197.652 9	1	197.652 9	0.901 8	56.591 2	0.000 1
X_1^2	34.710 7	1	34.710 7	0.658 2	9.938 2	0.007 6
X_2^2	20.278 7	1	20.278 7	0.555 6	5.806 1	0.031 5
X_3^2	80.328 8	1	80.328 8	0.799 3	22.999 4	0.000 3
X_1X_2	0.009 3	1	0.009 3	-0.014 3	0.002 7	0.959 6
X_1X_3	1.999 4	1	1.999 4	0.205 4	0.572 5	0.462 8
X_2X_3	40.625 4	1	40.625 4	-0.687 2	11.631 7	0.004 6
回归	407.235 2	9	45.248 4	$F_2 = 12.955\ 33$		0.000 3
剩余	45.404 4	13	3.492 6			
失拟	35.090 5	5	7.018 1	$F_1 = 5.443\ 63$		0.006 4
误差	10.313 8	8	1.289 2			
总和	452.639 5	22				

4.4.3.2　主效应分析

由于设计中各因素均经无量纲线性编码处理,且各一次项回归系数 b_j 之间,各 b_j 与交互项、平方项的回归系数间都是不相关的,因此可以由回归系数绝对值的大小来直接比较各因素对塑钢纤维混凝土抗渗性能的影响程度。本试验中 $b_1 = 1.384$、$b_2 = -0.721$、$b_3 = 3.804$,即 $Z_3 > Z_1 > Z_2$,其中 Z_3 的影响最大。

4.4.3.3　单因素效应分析

将建立的回归模型中的三个因素的两个固定在某一个水平上,例如,都固定在零水平上,或其他水平上(如 ± 1,$\pm r$ 水平上,也可以将其固定在不同水平上),就可以得到单因素的模型。

单因素效应分析见表4-3,单因素效果如图4-2 所示。

表4-3　单因素效应分析

水平	Z_1	Z_2	Z_3
−1.682 0	5.385 0	6.728 0	1.977 0
−1.341 0	4.334 0	5.564 0	2.192 0
−1.000 0	3.626 0	4.662 0	2.474 0
−0.500 0	3.210 0	3.815 0	3.494 0
0.000 0	3.533 0	3.533 0	3.533 0
0.500 0	4.594 0	3.815 0	5.997 0
1.000 0	6.395 0	4.662 0	9.585 0
1.341 0	8.046 0	5.564 0	12.676 0
1.682 0	10.041 0	6.728 0	16.290 0

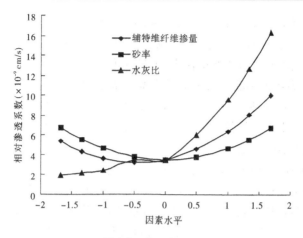

图 4-2　单因素效果

由表 4-3 和图 4-2 可以对各因素对抗渗性能的效应进行分析。

（1）辅特维塑钢纤维体积率因素的效应分析：当砂率和水灰比的因素水平取零值时，辅特维塑钢纤维混凝土的相对渗透性系数随着纤维体积率的增大先减小后增大。

（2）砂率因素的效应分析：当辅特维塑钢纤维体积率和水灰比的因素水平都取零值时，辅特维塑钢纤维混凝土的相对渗透性系数随着砂率的增大先减小后增大。

（3）水灰比因素的效应分析：当辅特维塑钢纤维体积率和砂率的因素水平都取零值时，辅特维塑钢纤维混凝土的相对渗透性系数随着水灰比的增大而增大。

总体上看，辅特维塑钢纤维混凝土的相对渗透性系数随着各因素的变化趋势是：随辅特维塑钢纤维体积率的增大先减小后增大，随砂率的增大而先减小后增大，随水灰比的增大而增大。

理论分析如下：

（1）辅特维纤维对塑钢纤维混凝土的相对渗透性系数影响趋势原因分析。

辅特维塑钢纤维混凝土的相对渗透性系数之所以随着纤维体积率的增加先减小后增大，是因为少量纤维掺入后，在混凝土基体中均匀分散且与混凝土形成很好的黏结,在混凝土成型过程中也增强了混凝土内部的束缚力,因而减少了混凝土成型过程中大孔隙和裂缝的产生,减少了由大孔隙和裂缝引起的渗水;大量纤维掺入后,在混凝土成型过程中增强了混凝土内部的束缚力,使混凝土成型后结构更加紧密,从而有效地减少了由毛细管现象产生的渗水现象,提高了混凝土的抗渗性。但是当混凝土中纤维体积率增加到一定值后,又会增加混凝土的界面,从而提高了混凝土的孔隙率,导致其抗渗性降低。

(2)砂率对塑钢纤维混凝土的相对渗透性系数影响趋势原因分析。

当砂率较小时,不能保证在粗骨料之间有足够的砂浆层,砂浆不能完全包裹粗骨料的表面和填充骨料间的空隙,导致混凝土的和易性较差,使硬化后的混凝土密实性降低,从而降低了混凝土的抗渗性能;当砂率过大时,在相同水泥用量的条件下,骨料表面的水泥浆相对变少了,使骨料之间的胶结力下降,骨料的总表面积及空隙率都会增大。另外,由于骨料表面的水泥浆相对变少,减弱了润滑作用,混凝土拌和物的和易性也会较差,使硬化后的混凝土密实性降低,也会造成混凝土抗渗性能降低。

(3)水灰比对塑钢纤维混凝土的相对渗透性系数影响趋势原因分析。

研究表明,混凝土中的毛细管孔隙率主要取决于水灰比。因为在混凝土中,水分的蒸发、泌水等现象在混凝土内部形成了许多大小不同的孔隙,这些孔隙构成了渗水的主要途径。混凝土水灰比越大,形成的孔隙越多,混凝土抗渗性能越差,所以水灰比愈大,孔隙率愈大,水泥浆抗渗性愈差。

4.4.3.4 双因素交互效应分析

将建立的回归模型中的一个因素固定在某一个水平上,例如都固定在零水平上,或其他水平上(如 ±1, ±r 水平上,也可以将其固定在不同水平上),就可以看到双因素的模型。

图 4-3 为水灰比的因素水平取零时,辅特维纤维体积率和砂率两因素的交互作用对混凝土相对渗透系数的影响规律图。从图中可以看出:在水灰比的因素水平取零,当纤维体积率因素水平为 - 0.5 时,砂率

的因素水平为 0,相对渗透性系数出现最小值为 3.21×10^{-9} cm/s。

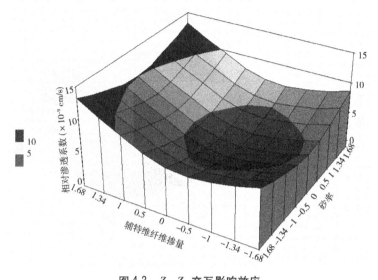

图 4-3　Z_1、Z_2 交互影响效应

图 4-4 为当砂率的因素水平取零时,辅特维纤维体积率和水灰比两因素的交互作用对混凝土相对渗透系数的影响规律图。从图中可以看出:在砂率的因素水平取零值,当纤维体积率因素水平为 -1 时,水灰比的因素水平为 -1,相对渗透性系数出现最小值为 2.07×10^{-9} cm/s。

图 4-5 为当辅特维塑钢纤维体积率因素水平取零时,砂率和水灰比两因素的交互作用对混凝土相对渗透系数的影响规律图。从图中可以得出,当纤维体积率因素水平取零值时,砂率影响因素水平为 -1.682 0,水灰比的因素水平为 -1.682 0,相对渗透性系数出现最小值为 3.2×10^{-9} cm/s。

4.4.4　最优组合设计

从抗渗试验可得出最优因素水平:辅特维纤维体积率因素水平为 0(纤维体积率为 0.5%),砂率因素水平为 -1(砂率为 34%),水灰比因素水平为 -1.34(水灰比为 0.42)时,塑钢纤维混凝土的相对渗透性

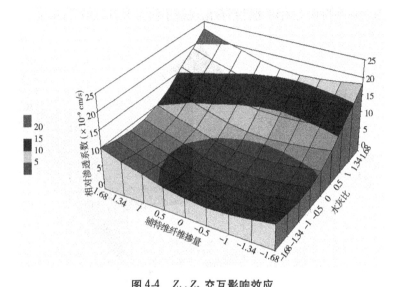

图 4-4　Z_1、Z_3 交互影响效应

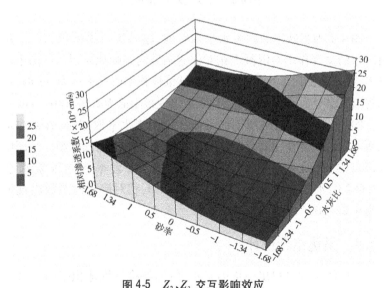

图 4-5　Z_2、Z_3 交互影响效应

系数最小,达到最小值 0.8021×10^{-9} cm/s,表明混凝土的抗渗性能最好。

4.5　本章小结

通过对此试验的研究成果进行分析可知:辅特维塑钢纤维混凝土的相对渗透性系数随着辅特维纤维体积率的增大先减小后增大,即在混凝土中添加少量辅特维塑钢纤维确实可以增强混凝土的抗渗性能:随着水灰比的增大而增大,随着砂率增大先减小后增大。当塑钢纤维混凝土中的辅特维纤维掺量为 0.5%,砂率为 34%,水灰比为 0.42 时,其相对渗透性系数为 0.8021×10^{-9} cm/s,塑钢纤维混凝土的抗渗性能最好。通过计算得到,当辅特维体积率为 0,砂率为 0.34%,水灰比为 0.42 时,塑钢纤维混凝土的相对渗透性系数为 1.3328×10^{-9} cm/s,表明当混凝土中塑钢纤维掺量为 0.5% 时,混凝土的抗渗性能增强了 39.8%。因此,在混凝土中掺入一定量的辅特维塑钢纤维后可以提高混凝土的抗渗性能。

第 5 章　塑钢纤维混凝土抗折强度试验研究

近几年来,我国加大了基础设施建设的投入,特别是塑钢纤维混凝土在路面、道面等工程中的广泛应用,促进了高速公路、飞机场等建设的快速发展。混凝土抗折强度是路面、道面结构设计的主要参数,还是关系到混凝土路面使用寿命的重要指标;在路面、道面施工时,必须按规定测定混凝土抗折强度,以便控制施工质量。本章通过试验研究得到辅特维塑钢纤维混凝土中纤维体积率、砂率和水灰比对辅特维塑钢纤维混凝土抗折强度的影响规律,并得到辅特维纤维混凝土抗折强度最优配合比。

5.1　试验原材料

本次试验所用的原材料与第 2 章中塑钢纤维混凝土耐磨性试验中所用的原材料一致,不再重复叙述。

5.2　试验设计

本次试验的设计与第 2 章中塑钢纤维混凝土耐磨性试验中的试验设计一致,不再重复叙述。

5.3　试验方法

5.3.1　试件的制作

23 个配合比的辅特维塑钢纤维混凝土分别各制作 3 块 100 mm ×

100 mm × 400 mm 的棱柱体小梁试件,坍落度都在 100 mm 左右。由振动台振捣、钢模成型 24 h 之后,拆除钢模,再放在标准养护室(湿度 90% 以上,温度(20 ± 2)℃)中养护 28 d。

5.3.2　试验装置

抗折强度试验采用全自动控制的 300 kN 微机控制电液伺服万能试验机(上海新三思计量仪器制造有限公司制造)进行测试,该万能试验机具有数据采集系统和数据分析处理系统,可自动生成试验报告。

抗折强度试验在整个加荷过程中采用力控制方式,全部加载过程可实现现场屏幕监视,不但能观察混凝土表面裂缝产生、发展及试件破坏的整个过程,而且能记录荷载最大值,绘制出完整的位移与荷载关系曲线,监测出混凝土试块承受的应力及相应的位移变化值。

如图 5-1 所示为微机控制伺服万能机。

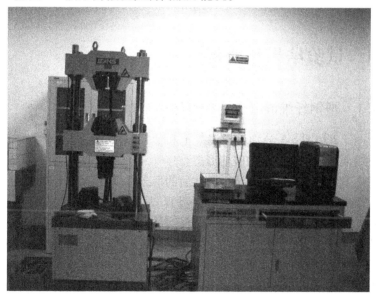

图 5-1　微机控制伺服万能机

续图 5-1

5.4　试验结果与分析

5.4.1　塑钢纤维混凝土抗折破坏形态

图 5-2 和图 5-3 分别为素混凝土和辅特维塑钢纤维掺量为 0.5%的纤维混凝土抗折试件的破坏形态。

通过观察试验过程及试件破坏后的形态可以看出：

素混凝土试件的破坏没有延缓过程，从裂缝出现到彻底破坏过程很短暂，基本都发生在骨料与水泥石的黏结面上，砂浆 – 骨料的黏结面依然是混凝土强度的最薄弱面。辅特维塑钢纤维混凝土试件主裂缝出现后，扩展比较慢，并在两侧出现小裂缝，在试件逐渐破坏的过程中，裂缝中贯穿的长纤维仍然联系着裂缝两侧的混凝土，基体混凝土受到纤维的约束而保持了较好的整体性，延缓了裂缝的扩展，从而增强了混凝土的抗折强度。辅特维塑钢纤维混凝土破坏面有明显的骨料破坏发生，表明纤维的加入改善了骨料与水泥砂浆的黏结面特征，优化了混凝土内部结构,从而使材料特性得到了充分发挥,混凝土抗折强度的提高也是必然结果。辅特维塑钢纤维混凝土的抗折性能不但较素混凝土有明显的提高,而且在本试验的辅特维塑钢纤维掺入体积率范围内,混凝土抗折强度随着掺入纤维体积率的增加而提高。

图 5-2　素混凝土破坏形态

图 5-3　掺量为 0.5% 时塑钢纤维混凝土破坏形态

5.4.2　试验数据处理方法

抗折强度计算公式如下:

$$R_b = \frac{3Fl}{2bh^2} \tag{5-1}$$

式中　F ——试件破坏时承受的荷载,N;

　　　l ——支座间距,本试验中 $l = 3h$,mm;

　　　b ——试件横断面宽度,mm;

　　　h ——试件横断面高度,mm。

抗折试验示意如图5-4所示。

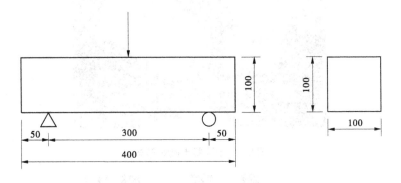

图 5-4　抗折试验示意　(单位:mm)

5.4.3　抗折强度试验结果

塑钢纤维混凝土抗折强度试验结果见表5-1。

表 5-1　塑钢纤维混凝土抗折强度试验结果

处理号	Z_0	Z_1	Z_2	Z_3	Z_1Z_2	Z_1Z_3	Z_2Z_3	$Z_1{}'$	$Z_2{}'$	$Z_3{}'$	抗折强度 (MPa)
1	1	1	1	1	1	1	1	0.406	0.406	0.406	4.25
2	1	1	1	-1	1	-1	-1	0.406	0.406	0.406	4.98
3	1	1	-1	1	-1	1	-1	0.406	0.406	0.406	4.18
4	1	1	-1	-1	-1	-1	1	0.406	0.406	0.406	4.62

续表 5-1

处理号	Z_0	Z_1	Z_2	Z_3	Z_1Z_2	Z_1Z_3	Z_2Z_3	$Z_1{}'$	$Z_2{}'$	$Z_3{}'$	抗折强度（MPa）
5	1	-1	1	1	-1	-1	1	0.406	0.406	0.406	4.19
6	1	-1	1	-1	-1	1	-1	0.406	0.406	0.406	4.82
7	1	-1	-1	1	1	-1	-1	0.406	0.406	0.406	4.08
8	1	-1	-1	-1	1	1	1	0.406	0.406	0.406	4.31
9	1	1.682	0	0	0	0	0	2.234	-0.594	-0.594	3.70
10	1	-1.682	0	0	0	0	0	2.234	-0.594	-0.594	4.97
11	1	0	1.682	0	0	0	0	-0.594	2.234	-0.594	4.88
12	1	0	-1.682	0	0	0	0	-0.594	2.234	-0.594	4.50
13	1	0	0	1.682	0	0	0	-0.594	-0.594	2.234	4.27
14	1	0	0	-1.682	0	0	0	-0.594	-0.594	2.234	3.69
15	1	0	0	0	0	0	0	-0.594	-0.594	-0.594	4.25
16	1	0	0	0	0	0	0	-0.594	-0.594	-0.594	3.92
17	1	0	0	0	0	0	0	-0.594	-0.594	-0.594	4.16
18	1	0	0	0	0	0	0	-0.594	-0.594	-0.594	4.03
19	1	0	0	0	0	0	0	-0.594	-0.594	-0.594	4.05
20	1	0	0	0	0	0	0	-0.594	-0.594	-0.594	4.19

处理号	Z_0	Z_1	Z_2	Z_3	Z_1Z_2	Z_1Z_3	Z_2Z_3	$Z_1{}'$	$Z_2{}'$	$Z_3{}'$	抗折强度(MPa)
21	1	0	0	0	0	0	0	-0.594	-0.594	-0.594	4.27
22	1	0	0	0	0	0	0	-0.594	-0.594	-0.594	3.91
23	1	0	0	0	0	0	0	-0.594	-0.594	-0.594	4.23
B_j	98.45	-1.51	1.69	-1.05	-0.19	-0.31	-0.69	1.47	3.48	-0.54	
d_j	23.00	13.66	13.66	13.66	8.00	8.00	8.00	15.89	15.89	15.89	
b_j	4.28	-0.11	0.12	-0.08	-0.02	-0.04	-0.09	0.09	0.22	-0.03	
U_j		0.17	0.21	0.08	0.00	0.01	0.06	0.14	0.76	0.02	
F_j		1.56	1.96	0.76	0.04	0.11	0.56	1.28	7.15	0.17	

表中：

（1）B_j 计算式如下：

$$B_0 = \sum_{i=1}^{n} y_i, \quad B_j = \sum_{i=1}^{n} z_{ij}y_i, \quad B_{kj} = \sum_{i=1}^{n} z_{ik}z_{ij}y_i, \quad B_{jj} = \sum_{i=1}^{n} z_{ij}'y_i$$

$$(5-2)$$

（2）b_j 计算式如下：

$$b_0 = \frac{B_0}{n}, \quad b_j = \frac{B_j}{d_j}, \quad b_{kj} = \frac{B_{kj}}{d_{kj}}, \quad b_{jj} = \frac{B_{jj}}{d_{jj}} \qquad (5-3)$$

其中 $d_j = \sum_{i=1}^{n} z_{ij}^2, \quad d_{kj} = \sum_{i=1}^{n} (z_{ik}z_{ij})^2, \quad d_{jj} = \sum_{i=1}^{n} (z_{ij}')^2$ （5-4）

（3）U_j 计算式如下：

$$U_j = \frac{B_j^2}{d_j}, \quad U_{kj} = \frac{B_{kj}^2}{d_{kj}}, \quad U_{jj} = \frac{B_{jj}^2}{d_{jj}} \qquad (5\text{-}5)$$

（4）回归分析及偏回归系数的显著性检验计算式如下：

总平方和为：

$$SS_T = \sum_{i=1}^{n} y_i^2 - \frac{1}{n}\left(\sum_{i=1}^{n} y_i\right)^2 \qquad (5\text{-}6)$$

回归平方和 $U = \sum U_j$，把 U_j 中较小的项归入剩余平方和 Q_{e2}，$f_u = 8$ 而剩余平方和为：

$$Q_{e2} = SS_T - U \qquad (5\text{-}7)$$

f_{e2} 等于总自由度$(n-1)$减去保留的 U_j 的项数。$MS_{e2} = Q_{e2}/f_{e2}$，$f_{e2} = 14$，则

$$F = \frac{U/f_u}{MS_{e2}} = 4.43 > F_{0.01}(6,16) = 4.2 \qquad (5\text{-}8)$$

回归系数检验计算式为：

$$F_j = \frac{U_j}{MS_{e2}}, \ F_{kj} = \frac{U_{kj}}{MS_{e2}}, \ F_{jj} = \frac{U_{jj}}{MS_{e2}} \qquad (5\text{-}9)$$

计算结果都已列在表 5-1 中，各偏回归系数均达显著水平。

（5）检验拟合度计算式如下：

误差平方和 Q_e 由零水平检验结果 $y_{01}, y_{02}, \cdots, y_{0m}$ 获得：

$$Q_e = \sum_{i=1}^{m_0} y_{0i}^2 - \frac{1}{m}\left(\sum_{i=1}^{m_0} y_{0i}\right)^2, \ f_e = m_0 - 1 \qquad (5\text{-}10)$$

失拟平方和为：

$$Q_{lf} = Q_{e2} - Q_e, \ f_{lf} = f_{e2} - f_e = 6 \qquad (5\text{-}11)$$

拟合度检验为：

$$F_{lf} = \frac{Q_{lf}/f_{lf}}{Q_e/f_e} = 5.94 < F_{0.01}(5,8) = 6.63 \qquad (5\text{-}12)$$

以上结果表明回归方程拟合情况良好。

5.4.4　试验结果分析

5.4.4.1　回归方程的建立与显著性检验

　　试验数据运用 DPS 数据处理系统对三元二次正交旋转组合设计的试验结果进行分析,建立以混凝土抗冲磨强度为因变量的三元二次回归方程:

$$Y = 4.110\ 49 + 0.202\ 53Z_1 + 0.030\ 09Z_2 - 0.220\ 07Z_3 + 0.095\ 0Z_1^2 +$$
$$0.220\ 91Z_2^2 - 0.030\ 11Z_3^2 + 0.023\ 75Z_1Z_2 - 0.038\ 75Z_1Z_3 -$$
$$0.086\ 25Z_2Z_3 \tag{5-13}$$

回归关系的显著性检验见表 5-2。

表 5-2　回归分析

变异来源	平方和	自由度	均方	偏相关	比值 F	$p-$值
Z_1	0.560 2	1	0.560 2	0.668 8	10.521 8	0.006 4
Z_2	0.012 4	1	0.012 4	0.132 5	0.232 2	0.637 9
Z_3	0.661 4	1	0.661 4	-0.699 0	12.423 4	0.003 7
$Z_1{}^2$	0.144 6	1	0.144 6	0.415 7	2.716 4	0.123 3
$Z_2{}^2$	0.775 4	1	0.775 4	0.726 9	14.565 4	0.002 1
$Z_3{}^2$	0.014 4	1	0.014 4	-0.142 8	0.270 6	0.611 7
Z_1Z_2	0.004 5	1	0.004 5	-0.080 5	0.084 8	0.775 5
Z_1Z_3	0.012 0	1	0.012 0	-0.130 6	0.225 6	0.642 7
Z_2Z_3	0.059 5	1	0.059 5	-0.281 4	1.117 8	0.309 6

续表 5-2

变异来源	平方和	自由度	均方	偏相关	比值 F	$p-$ 值
回归	2.242 0	9	0.249 1		$F_2 = 4.679\ 15$	0.000 3
剩余	0.692 1	13	0.053 2			
失拟	0.537 5	5	0.107 5		$F_1 = 5.564\ 80$	0.006 8
误差	0.154 6	8	0.019 3			
总和	2.934 1	22				

由显著性检验表及主效应分析、交互效应分析的结果,以 $a = 0.10$ 显著水平剔除不显著项后,简化后的回归方程如下:

$$Y = 4.110\ 49 + 0.202\ 53Z_1 - 0.220\ 07Z_3 + 0.220\ 91Z_2^2$$

$$(5-14)$$

5.4.4.2　主效应分析

由于设计中各因素均经无量纲线性编码处理,且各一次项回归系数 b_j 之间,各 b_j 与交互项、平方项的回归系数间都是不相关的,因此可以由回归系数绝对值的大小来直接比较各因素对塑钢纤维混凝土抗折强度的影响程度。本试验中 $b_1 = 0.20$、$b_2 = 0.03$、$b_3 = -0.22$,即 $Z_3 > Z_1 > Z_2$,Z_3 的影响最大。

5.4.4.3　单因素效应分析

将建立的回归模型中的三个因素的两个因素固定在某一个水平上,例如,都固定在零水平上或其他水平上(如 ±1, ±r 水平上,也可以将其固定在不同水平上),就可以得到单因素的模型。

单因素效应分析见表 5-3,单因素效应曲线如图 5-5 所示。

表5-3　单因素效应分析

因素水平	Z_1	Z_2	Z_3
−1.682 0	3.770 0	4.735 0	4.481 0
−1.341 0	3.839 0	4.508 0	4.406 0
−1.000 0	3.908 0	4.331 0	4.331 0
−0.500 0	4.009 0	4.166 0	4.221 0
0.000 0	4.110 0	4.110 0	4.110 0
0.500 0	4.212 0	4.166 0	4.000 0
1.000 0	4.313 0	4.331 0	3.890 0
1.341 0	4.382 0	4.508 0	3.815 0
1.682 0	4.451 0	4.735 0	3.740 0

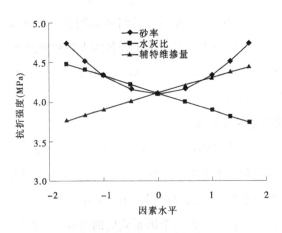

图5-5　单因素效应曲线

由表5-3和图5-5对各因素的效应进行分析。

(1)辅特维塑钢纤维体积率因素的效应分析:当砂率和水灰比的

因素水平都取零值时,辅特维塑钢纤维混凝土的抗折强度随辅特维纤维体积率的增大而增大。

（2）砂率因素的效应分析:当塑钢纤维体积率和水灰比的因素水平都取零值时,塑钢纤维混凝土的抗折强度随着砂率的增大先减小后增大,并且当砂率因素水平值为零值时,混凝土的抗折强度出现最小值。

（3）水灰比因素的效应分析:当辅特维塑钢纤维体积率和砂率的因素水平都取零值时,辅特维塑钢纤维混凝土的抗折强度随着水灰比的增大而减小。

总体上看,塑钢纤维混凝土的抗折强度随着各因素的变化趋势是:随塑钢纤维体积率的增大而增大,随砂率的增大而先减小后增大,随水灰比的增大而减小。

由上述分析可以看出,塑钢纤维混凝土的抗折强度随辅特维塑钢纤维体积率的增大而逐渐增加,当纤维体积率在 0～1% 时,塑钢纤维混凝土的抗折强度在 3.77～4.45 MPa 变化;当砂率在 30%～50% 时,抗折强度在 4.11～4.735 MPa 变化,且当砂率小于 40% 时,纤维混凝土抗折强度随砂率的增大而减小,反之,则随砂率的减小而增大;当水灰比在 0.4～0.6 时,纤维混凝土的抗折强度在 3.74～4.48 MPa 变化,变化趋势为随水灰比的增大而减小。

理论分析如下:

（1）辅特维纤维对塑钢纤维混凝土的抗折强度影响趋势原因分析。

因为辅特维塑钢纤维与混凝土的黏结强度较高,当应力从混凝土基体传递给辅特维纤维时,纤维因变形而受力,使混凝土达到初裂时的荷载及整体变形增大;当混凝土受力开裂,纤维跨接在裂缝的表面上,阻止了裂缝的迅速扩展,只有裂缝中的拉应力大于辅特维纤维的抗拉强度或大于辅特维纤维与混凝土的黏结强度时,辅特维纤维才被拉断或拔出,所以辅特维塑钢纤维混凝土的抗折强度随辅特维塑钢纤维体积率的增加而提高。

（2）砂率对塑钢纤维混凝土的抗折强度影响趋势原因分析。

当砂率在 30%～40% 时,砂浆本身的密实度降低,骨料间界面的强化度和机械啮合作用下降,且过高的砂率很容易产生分层离析和泌

水,导致混凝土稳定性下降,故混凝土的抗折强度反而下降;当砂率在
40% ~50%时,粗骨料随着砂率的提高,孔隙率减小,混凝土更加密实,
所以混凝土的抗折强度得到提高。

(3)水灰比对塑钢纤维混凝土的抗折强度影响趋势原因分析。

水灰比是配合比中的重要参数,混凝土抗折强度很大程度上取决
于水灰比。一方面,当水灰比过大、多余水分蒸发后,在混凝土内部留
下孔隙,使其有效承压面积减小,混凝土抗折强度也随之降低;另一方
面,多余水分在混凝土内的迁移过程中遇到粗骨料时,由于受到粗骨料
的阻碍,水分往往在其底部积聚,形成水泡,极大地削弱了砂浆与骨料
的黏结强度,使混凝土抗折强度下降。由此看出,水灰比越大,混凝土
的内部缺陷也就越大,抗折强度也就越低,故混凝土的抗折强度随水灰
比的增大而减小。

5.4.4.4 双因素交互效应分析

将建立的回归模型中的一个因素固定在某一个水平上,例如,都固
定在零水平上或其他水平上(如 ±1, ±r 水平上,也可以将其固定在不
同水平上),就可以得到双因素的模型。

图 5-6 是当砂率的因素水平取零值时,辅特维纤维体积率和水灰
比两因素的交互作用对混凝土抗折强度的影响规律图。通过分析得
出:当辅特维体积率因素水平为 1.682 0,水灰比因素水平为 -1.681 8
时,混凝土的抗折强度最大值为 4.821 2 MPa。

图 5-7 是当辅特维纤维体积率因素水平取零值时,砂率和水灰比
两因素的交互作用对混凝土抗折强度的影响规律图。通过分析得出:
当砂率因素水平为 1.682 0,水灰比因素水平为 -1.681 8 时,混凝土的
抗折强度最大值为 5.105 4 MPa。

图 5-8 是当水灰比因素水平取零值时,辅特维纤维体积率和砂率
两因素的交互作用对混凝土抗折强度的影响规律图。通过分析得出:
当辅特维体积率因素水平为 1.682 0,砂率因素水平为 1.681 8 时,混
凝土的抗折强度最大值为 5.075 9 MPa。

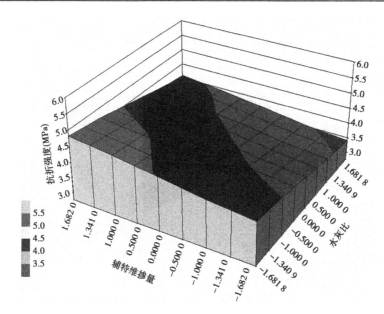

图 5-6　Z_1、Z_3 交互影响效应

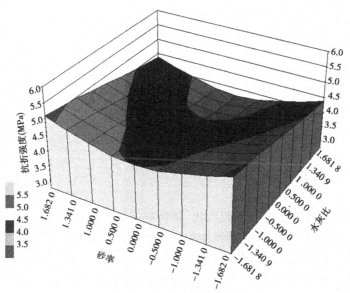

图 5-7　Z_2、Z_3 交互影响效应

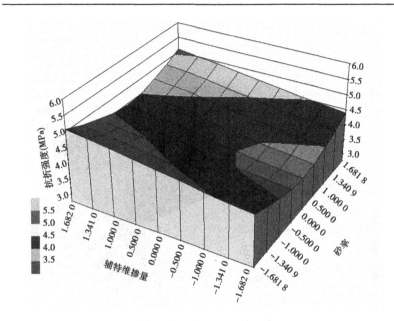

图 5-8　Z_1、Z_2 交互影响效应

5.4.5　最优组合设计

从抗折试验可以得到最优因素水平:辅特维塑钢纤维体积率因素水平为 1.682 0(纤维体积率为 1%),砂率因素水平为 - 1.682 0(砂率为 30%),水灰比因素水平为 - 1.682 0(水灰比为 0.4),此时辅特维塑钢纤维混凝土的抗折强度达到最大值 5.45 MPa。

5.5　本章小结

从以上的效应分析可以得出,辅特维塑钢纤维混凝土的抗折强度总体变化趋势是:随塑钢纤维体积率的增大而增大,随砂率的增大先减小后增大,随水灰比的增大而减小。综合分析得到其最优配合比为:塑钢纤维体积率因素水平为 1.682 0(纤维体积率为 1%),砂率因素水平为 - 1.682 0(砂率为 30%),水灰比因素水平为 - 1.682 0(水灰比为

0.4),此时辅特维塑钢纤维混凝土的抗折强度达到最大值 5.45 MPa。通过计算得到:当塑钢纤维体积率为 0,砂率为 30%,水灰比为 0.4 时,辅特维塑钢纤维混凝土的抗折强度值为 4.73 MPa,表明在素混凝土中掺入塑钢纤维 1% 时,混凝土的抗折强度可以提高 15.2%。

第 6 章　总结与展望

为了提高水泥混凝土路面的施工质量,利用、推广适合路面的新型道路水泥混凝土技术,本书在前人研究的基础上,以辅特维塑钢纤维混凝土为研究对象,采用三元二次正交旋转组合设计,研究了辅特维纤维体积率、砂率和水灰比对塑钢纤维混凝土的耐磨性能、抗冻性能、抗渗性能和抗折性能的影响规律,并得出辅特维塑钢纤维混凝土各影响因素的最优组合设计,为辅特维塑钢纤维混凝土在现代道路水泥混凝土工程中的应用提供了一定的科学依据。

6.1　总　结

通过对试验过程和最终得到的试验数据分析,最终得出以下结论:

(1)辅特维塑钢纤维混凝土的耐磨性能随着各因素的变化趋势为:随辅特维塑钢纤维体积率的增大而增强,随砂率的增大而先减弱后增强,随水灰比的增大而减弱;当辅特维纤维体积率为 1%,砂率为 30%,水灰比为 0.4 时,辅特维塑钢纤维混凝土的单位面积磨损量最小,为 0.017 6 kg/m^2,较素混凝土而言,混凝土的单位面积磨损量减小了 95%。表明在混凝土中掺入辅特维纤维后混凝土的耐磨性能有很大的提高。

(2)辅特维塑钢纤维可以显著改善混凝土的抗冻性能,并且随着冻融次数的增加,其效果越明显。辅特维塑钢纤维混凝土进行 50 次冻融循环后发现,辅特维塑钢纤维混凝土的相对动弹性模量随着各因素的变化趋势是:随塑钢纤维体积率的增大而增大,随砂率的增大而先增大后减小,随水灰比的增大而减小;当辅特维纤维体积率为 1%,砂率为 40%,水灰比为 0.4 时,50 次冻融循环后,辅特维塑钢纤维混凝土的相对动弹性模量较大,为 96.23%,较素混凝土而言,混凝土的抗冻性能提高了 24.4%。

(3)塑钢纤维混凝土的抗渗性能随着各因素的变化趋势是:随辅特维塑钢纤维体积率的增大先增强后减弱;随砂率的增大先增强后减弱;随水灰比的增大而减弱。当塑钢纤维混凝土中的辅特维纤维体积率为 0.5%,砂率为 34%,水灰比为 0.42 时,塑钢纤维混凝土的抗渗性能最强,其相对渗透性系数最小,为 0.802 1 × 10^{-9} cm/s,较素混凝土而言,混凝土的抗渗性能增强了 39.8%。

(4)塑钢纤维混凝土的抗折强度总体变化趋势是:随辅特维塑钢纤维体积率的增大而增大,随砂率的增大先减小后增大,随水灰比的增大而减小。综合分析得到其最优配合比为:当塑钢纤维体积率为 1%,砂率为 30%,水灰比为 0.4 时,塑钢纤维混凝土的抗折强度达到较大值,为 5.45 MPa,较素混凝土而言,抗折强度提高了 15.2%。

(5)本书从耐磨性能、抗冻性能、抗渗性能和抗折强度四个方面对塑钢纤维混凝土进行了耐久性能的研究,与素混凝土相比,试验结果表明:塑钢混凝土中由于纤维的掺入确实改善了骨料与水泥砂浆的黏结面特性,优化了混凝土的内部结构,有效阻止了混凝土塑性期内部裂缝的产生和发展,提高了混凝土的耐久性能和力学性能。

6.2　建议和展望

20 世纪 60 年代以来,国外已经开始研究将纤维掺入混凝土或砂浆中,来改善水泥基体脆性高、抗拉强度低、耐久性能差等缺点,以此来提高水泥材料制品的物理力学性能。虽然塑钢纤维的研究起步较晚,但是塑钢纤维相对其他纤维低廉的价格和优良的特性使之发展前景更被看好,工程应用也更加广泛。由于塑钢纤维混凝土的多相复杂性、试验设计和研究方法的局限性以及研究时间和试验条件的限制及在研究过程中不可避免地出现了偏差等一系列问题,试验研究工作还存在很多不足,因此对于塑钢纤维混凝土的耐久性能研究还有许多工作需要进一步的深入开展。

(1)影响塑钢纤维混凝土性能的因素很多,本书只选取了辅特维纤维体积率、砂率和水灰比三个因素,而且由于试验设计的限制只选取一定的因素水平范围进行研究,为了全面了解塑钢纤维混凝土的耐久性能的变化规律,还需要进行大量深入的试验研究。

(2)在工程应用中,塑钢纤维的种类很多,本试验只选取了塑钢纤维的一个品种——辅特维塑钢纤维进行试验研究,而且随着性能更优、造价更低的塑钢纤维的开发研制,塑钢纤维的弹性模量、抗老化性能、黏结性能都会得到提高、增强,所以本试验成果具有一定的局限性。

(3)目前对塑钢纤维混凝土性能的研究主要是从宏观试验的角度出发,塑钢纤维对混凝土的增强理论至今也都是质的假定和理论分析。为了从本质上揭示塑钢纤维混凝土的各种性能机制,还需要从微观角度对塑钢纤维混凝土分析研究,加强纤维增强混凝土微观结构与宏观性能联系的研究,准确把握这两者之间的量化关系,从而完善塑钢纤维混凝土的增强机制理论,为塑钢纤维混凝土的应用提供一定的理论支持。

(4)混合纤维增强混凝土和组合纤维增强混凝土不但可以发挥各单一纤维的作用和功能,而且可以发挥多种纤维复合的叠加作用,可明显提高或改善单一纤维混凝土的若干性能,并获得优良的综合性能,在保证混合纤维及组合纤维协同效应的基础上,提出经济、合理的混合纤维增强混凝土和组合纤维增强混凝土方案应该是纤维增强混凝土今后深入研究的一个方向。

(5)本书仅从试验角度进行了塑钢纤维混凝土的耐久性能和抗折强度试验研究,未从理论建模方面进一步分析,这是本书的一大不足之处,也是今后需要补充的工作。

塑钢纤维混凝土是对传统结构材料混凝土进行改性、研究和开发的产物,具有优良的耐久性能和力学性能,作为一种新型的混凝土材料,它顺应了当前材料科学的发展趋势,促进了能源材料向高新技术和多功能材料的发展和应用。辅特维塑钢纤维混凝土作为新型复合混凝土材料,满足了混凝土路面的特性,不但能提高混凝土路面的质量,还能延长水泥混凝土路面的使用寿命。随着混凝土技术的发展和新型塑钢纤维的开发研制,塑钢纤维混凝土耐久性能的研究必将达到一个崭新的境界。本人所做的只是混凝土研究工作中的九牛一毛,希望能为后续研究工作提供一定的参考和帮助。

参 考 文 献

[1] 安世海. 掺纤维抗冲磨混凝土性能研究[J]. 水利建设与管理,2008(8):67-72.

[2] 蔡迎春,代兵权. 改性聚丙烯纤维混凝土抗冻性能试验研究[J]. 混凝土,2010(7):63-64,75.

[3] 陈玲秋,袁建明. 浅谈聚丙烯纤维的阻裂作用[J]. 浙江建筑,2006,23(8):81-82.

[4] 程秀菊,朱为玄. 钢纤维混凝土 KIC 计算公式初探[J]. 河海大学学报(自然科学版),2005,33(4):452-454.

[5] 邓宗才,孔成栋,黄博升. 碳纤维混凝土的压缩韧度指数[J]. 混凝土与水泥品,2000(4):37-38.

[6] 邓宗才,杨秀元. 钢纤维高强混凝土上的断裂韧度[J]. 工业建筑,1995,25(10):36-38.

[7] 杜向琴. 碳纤维混凝土断裂性能研究[D]. 陕西:西北农林科技大学,2006.

[8] 干正友,廖明成,耿运贵. 混杂纤维(钢/聚丙烯)高性能混凝士正交试验研究[J]. 焦作工学院学报(自然科学版),2003,22(1):16-21.

[9] 高丹盈,刘建秀. 钢纤维混凝土基本理论[M]. 北京:科学技术文献出版社,1994.

[10] 高建国. 钢纤维混凝土配制与施工工艺[J]. 铁道勘测与设计,2006(4):36-40.

[11] 葛瑞斌,李大华. 砼技术的新进展[J]. 安徽建筑,2001(3):82-84.

[12] 关新春,韩宝国,欧进萍. 碳纤维在水泥浆体中的分散性研究[J]. 混凝土与水泥制品,2002(2):34-36.

[13] 郭玉翠,范天佑. 纤维增强复合材料断裂的宏观结合模型[J]. 复合材料学报,1999,16(1):137-141.

[14] 侯晓峰,方秦,张育宁. 高掺量聚丙烯纤维混凝土静动力性能试验研究[C]//中国土木工程学会防护工程分会第九次学术年会论文集.2004:459-465.

[15] 胡晓波,陈志源. 碳－尼龙纤维混杂改性水泥基复合材料的研究[J]. 混凝土与水泥制品,1995(6):8-12.

[16] 黄承逵. 纤维混凝土结构[M]. 北京:机械工业出版社,2004.

[17] 霍俊芳,申向东,崔琪. 纤维增强轻骨料混凝土力学性能试验研究[J]. 混凝

土,2007(1):37-39.

[18] 江波,陈大林.聚丙烯纤维轻骨料混凝土抗折强度试验研究[J].混凝土与水泥制品,2008(4):50-51.

[19] 姜雪洁,王书祥.纤维混凝土耐久性试验及机理分析[J].建筑技术,2005,36(1):41-42.

[20] 金柏芳.水泥混凝土抗折强度影响因素的试验分析[J].公路,2004(5):158-160.

[21] 金锦鑫.钢纤维混凝土界面性能的细观力学有限元分析[D].哈尔滨:哈尔滨工程大学,2006.

[22] 黎保琨,王良元.混凝土断裂特性的试验研究及计算分析[J].水利学报,1998(8):61-68.

[23] 李光辉,张营,赵军.聚丙烯纤维细石混凝土抗冻性能试验研究[J].混凝土与水泥制品,2009(5):46-48.

[24] 李光伟,杨元慧.聚丙烯纤维混凝土性能的试验研究[J].水利水电科学进展,2001,21(5):14-17.

[25] 李建辉,邓宗才,张建军.异型塑钢纤维增强混凝土的抗弯韧性[J].混凝土与水泥制品,2005(6):32-35.

[26] 李世恩.纤维混凝土在国际上的发展及其在中国工程上的应用[C]//微纤维混凝土抗裂防水技术交流会论文集,1997:82-84.

[27] 马保国,邹定华,张凤臣.聚合物粗纤维混凝土抗冻性能研究[J].武汉理工大学学报,2009,31(9):4-7.

[28] 马怀发,陈厚群,黎保琨.混凝土细观力学研究及评述[J].中国水利水电科学研究院学报,2004,2(2):124-130.

[29] 欧阳幼玲,陈迅捷,方璟,等.纤维增强水泥基材料断裂韧性研究[J].水利水运工程学报,2006(6):56-59.

[30] 潘放,邱志雄,习康.桥面铺装聚合物纤维混凝土抗折试验研究[J].中外公路,2003(3):100-102.

[31] 彭书成,丁志超,陈美兰.混合纤维混凝土增强抗裂抗渗性能试验研究[J].建筑科学,2007(3):56-59.

[32] 沈荣熹,崔琪,李清海.新型纤维增强水泥基复合材料[M].北京:中国建材工业出版社,2004.

[33] 孙明清,张晖,李卓球,等.CFRC机敏混凝土中碳纤维的分散性研究[J].混凝土与水泥制品,2004(5):38-41.

[34] 王启成,吴科如.不同弹性模量的纤维对高性能混凝土力学性能的影响[J].混凝土与水泥制品,2002(3):36-37.

[35] 王书祥,成全喜,任权昌.改性聚丙烯纤维混凝土抗渗性能的试验研究[J].天津城市建设学院学报, 2003,4(9):261-264.

[36] 王新友,张东.高性能大掺量钢纤维混凝土及其应用[J].港口工程,1997(1):47-50.

[37] 吴刚,李希龙,史丽华,等.聚丙烯纤维混凝土抗渗性能的研究[J].混凝土,2010(7):95-97,101.

[38] 吴中伟,廉慧珍.高性能混凝土[M].北京:中国铁道出版社,1999.

[39] 向晓峰,陈晓伟,刘峰.塑钢纤维增强轻混凝土试验研究[J].施工技术(增刊),2005(34):89-91.

[40] 小林一辅.钢纤维混凝土[M].蒋之峰,译.北京:冶金部建筑研究总院情报室,1984.

[41] 谢勇勇,何玉春.抗冲磨高性能混凝土试验研究[J].粉煤灰综合利用,2009(5):29-31.

[42] 谢祥明,余青山,胡磊.聚丙烯纤维改善混凝土耐磨性能的试验研究[J].重庆大学学报, 2008,30(3):134-137.

[43] 徐至钧.纤维混凝土技术及应用[M].北京:中国建筑工业出版社,2003.

[44] 许达,高小青.CF纤维混凝土的性能试验与研究[J].隧道/地下工程,2002(6):55,58.

[45] 杨建新,陆建文,徐彦.合成纤维混凝土抗渗性能的指标及试验方法的探讨[J].混凝土,2009(1):70-72.

[46] 杨胜生,莫文贺.聚丙烯纤维在高性能混凝土中的应用[J].水运工程,2005(4):82-84.

[47] 姚武,蔡江宁,陈兵,等.混杂纤维增韧高性能混凝土的研究[J].三峡大学学报(自然科学版),2002,24(1):42-44.

[48] 袁志发,周静芋.试验设计与分析[M].北京:高等教育出版社,2000.

[49] 张红州.纤维对混凝土的增强机理研究[J].广东水利学报,2005(6):13-14.

[50] 张红州.纤维混凝土界面性能及纤维作用机理研究[D].广州:广东工业大学,2004.

[51] 张育宁,方秦,刘小斌,等.高强高掺量纤维增强混凝土静、动力性能的试验研究[J].混凝土与水泥制品,2006(6):43-45.

[52] 章洪,付文荣.混凝土断裂韧性 KIC 的尺寸效应[J].水利水电工程设计,

1997(1):11-15.

[53] 赵华玮,代学灵,黄功学.钢纤维对改善水工混凝土性能的作用[J].人民黄河,2005,27(9):58-60.

[54] 中国工程建设标准化协会.CECS:1389 钢纤维混凝土试验方法 CECS 13:89[S].北京:中国计划出版社,1991.

[55] 钟世云,袁华.聚合物在混凝土中的应用[M].北京:化学工业出版社,2003.

[56] Chunxiang Qian, Piet Stroeven. Fracture properties of concrete reinforced with steel-polypropylene hybrid fibers [J]. Cement and Concrete Composites, 2000 (22):343-351.

[57] Jun Zhang, Henrik Stang, Victor C Li. Experimental study on crack bridging in FRC under uniaxial fatigue tension[J]. Journal of Material in Civil Engineering, 2002(2):66-73.

[58] Kesler, Naus C E D J,Lott J L. Fracture mechanics-its applicability to concrete [J]. Mechanical Behavior of Materials,1972(4):113-124.

[59] Banthia N,Nandakuma N. Crack growth resistant of hybrid fiber reinforced cement composite[J]. Cement and Concrete composite, 2003(25):3-9.

[60] Karihaloo B L, Nallathambi P. Effcet of specimen and crack sizes,water/cement ratio and coarse aggregate texture upon fracture toughness of concrete[J]. Magazine of Concrete Research, 1984,36(129):227-236.

[61] Parviz Soroushian, Hafez Elyamamy, Atef Tlili, et al. Mixef-mode fracture properties of concrete reinforced with low volume fractions of steel and polypropylene fibers[J]. Cement and Concrete Composites,1998(20):67-68.

[62] Strange P C, Brgant A H. Experiment tests on concrete fracture[J]. Journal of Engineering Mechanics Division. ASCE,1979(105):337-343.

[63] Sun Wei, Gao Jianming, Yan Yun. Study of the fatigue performance and damage mechanism of steel reinforced concrete[J]. ACI Materials Journal,1996(6):6-7.